数学センス

野﨑昭弘

筑摩書房

まえがきに代えて
―― 本書を3倍楽しむ法 ――

1. おもしろそうなところだけ，ひろい読みしてください．
2. でも第9話と第10話だけは，なるべく飛ばさずに，読んでください．
3. あちこちで引用している本は，私が気に入った本ばかりです．数学に関係ない本でも，もしよろしかったら，どうぞお読みください．

目　次

まえがきに代えて──本書を3倍楽しむ法 ……………… 003

第1話　命名のセンス ……………………………… 011
1. 誕生のとき …………………………………………… 012
2. ツルカメ算について ………………………………… 015
3. 循環連分数について ………………………………… 020

第2話　判断のセンス ……………………………… 027
1. 「である」と「らしい」 ……………………………… 028
2. 士官36人の問題 …………………………………… 030
3. 判断と結果 …………………………………………… 037

第3話　分析のセンス ……………………………… 041
1. 説明欲，分析欲 ……………………………………… 042
2. 分析のテクニック …………………………………… 044
3. 分析の実際 …………………………………………… 051

第4話　集中のセンス ……………………………… 057
1. 天才伝説 ……………………………………………… 058
2. トランプの切りかた ………………………………… 060
3. 固体混合の問題 ……………………………………… 065

第5話 「わからない」ということ ……………… 069
1. 「わからない」ことへのおそれ ……………… 070
2. 感性からの出発 ……………………………… 076
3. 感性からの離陸 ……………………………… 079

第6話 「わかりやすい」ということ ……………… 083
1. 「わかりやすさ」をめざして ………………… 084
2. 具体例との格闘 ……………………………… 086
3. 置換の一般的な性質 ………………………… 093

第7話 言葉のセンス ………………………………… 099
1. 言葉と理解 …………………………………… 100
2. 再び置換について …………………………… 103
3. グラフ理論の応用 …………………………… 109

第8話 空間のセンス ………………………………… 115
1. 4次元空間の幾何学的イメージ ……………… 116
2. 4次元空間の代数的イメージ ………………… 119
3. センスとは「ただ足ることを知る」こと …… 124

第9話 美的センス …………………………………… 127
1. 「美しい」ということ ………………………… 128
2. 「わかる」ことの喜び ………………………… 131
3. より深く「わかる」ために …………………… 137

第10話 知的センス …………………………………… 141
1. センスと個人差 ……………………………… 142

2. 一般化のセンス ……………………………… 146
  3. 証明と好奇心 ………………………………… 148

第11話　公理について ……………………………… 155
  1. 証明と発見 …………………………………… 156
  2. 証明の前提 …………………………………… 160
  3. 公理と構造 …………………………………… 164

第12話　構造について ……………………………… 169
  1. 再び好奇心について ………………………… 170
  2. ブルバキと構造主義 ………………………… 173
  3. 図形の世界にひそむ構造 …………………… 175

第13話　「無限」のセンス ………………………… 183
  1. 無限の恐怖 …………………………………… 184
  2. 無限の効用 …………………………………… 188
  3. 無限への飛躍 ………………………………… 191

第14話　論証のセンス ……………………………… 199
  1. 無限についての論証 ………………………… 200
  2. 命題のいいかえ ……………………………… 204
  3. ヘンペルのカラス …………………………… 208

第15話　「遊び」のセンス ………………………… 213
  1. 考える楽しみ ………………………………… 214
  2. パズルのいろいろ …………………………… 215
  3. 言葉の遊び …………………………………… 218

第16話（番外）　確率のふしぎ ……………… 227
   1. 確率のふしぎ ………………………………… 228
   2. ベルトランのパラドックス ………………… 230
   3. 「真実はひとつ」か？ ……………………… 237
   4. ペテルブルグのパラドックス ……………… 244

あとがき ……………………………………………… 247
文庫版あとがき ……………………………………… 249

●中扉カット出典
《Old Engravings Illustrations》The Dick Sutphen Studio Inc.
《Picture Source Book for Collage and Decoupage》Dover.

数学的センス

第1話
命名のセンス

「その処方を教えてくだされば,わたしはその薬によろこんであなたをたたえる名をつけますぞ.エーレクトゥアーリウス・ステファヌス,すなわちステファヌス選良薬です.」
　　　——L. アリグザンダー『人間になりたがった猫』
　　　　　神宮輝夫訳,評論社,1977

1. 誕生のとき

　生まれてくる子の名前を考えることは，親の楽しみのひとつである．「重成」とか「実名子」という名前を見ると，親の期待とか苦心のほどが偲ばれて，思わず頬の筋肉がゆるんでしまう．

　この楽しみは親に限らない．祖父・祖母の楽しみ，あるいは願望でもあるらしい．時にはゆきすぎた「ありがた迷惑」になることもあるようで，某・科学雑誌の編集長さんは，昔，孫のために凝りに凝った名前を考えているおじいちゃんを，こんなふうに撃退したという．

「お前，長男の名前はどうするつもりかね？」
「はあ，弁慶にきめました．」

あらかじめ奥さんにいいつけて，肌着や何かに「弁」の字を書かせておいたというから，用意周到である．おじいちゃんは呆れて，あまりカワイソウな名前をつけるもんじゃない，本人が大人になってから困るだろう，とたしなめた．それから何やかや議論があって，結局父親（編集長さん）は，ひそかに考えていた無難な名前をつけることができた，という．

　話を数学に移すと，子供の命名のような楽しさは，まずない．いくらみごとな概念を生みだしたときにも，「重成グラフ」とか「実名子集合」とはつけにくいではないか．そ

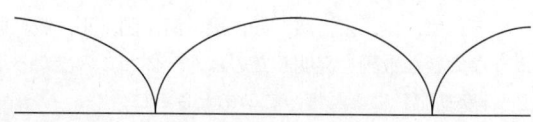

図1　幾何学のヘレン
　ヘレン（あるいはヘレネ）はギリシャ神話に登場する絶世の美女．メネラオスの妻であったが，トロイの王子パリスに誘惑され，トロイ戦争の原因となった．

れでも昔は，サイクロイド（図1の曲線）を「ヘレン」と呼んだ粋な人もいた．また「Z-独立性」とか「アルゴリズム論的エントロピー」などという砂を嚙むような名前でも，自分で発明した概念の名前だと，恋人の名前にも似た響きをもってくるものである——これを「親バカ」という．

　名前をつけることは，大げさにいえば，文化の始まりである．名前によって，人間はものごとを整理・分類し，理解する．数学でもそうである．「どのような名前をつけるか」というところは，あまりおもしろくも楽しくもないのだけれど，「どのようなものに名前をつけるか」には，眼を見張るようなところがある．

　早い話が，数の名前である「数詞」とは大変なものである．「二」という名前が「2頭のゾウ，2匹のアリ，仲良し2人，敵対する2国，2足のわらじ，2枚の舌，……」等々のどれをもあらわしうるという，すさまじい抽象性も驚くに値するけれど，三，四，五，……，十からさらに百，千，万と進み，

万，億，兆，京，垓，秭，穣，溝，澗，正，載，極のような大きな数詞を発明したのは，一体どこの誰だろうか？『塵劫記』によれば，このあとさらに

恒河沙，阿僧祇，那由他，不可思議，無量大数

と続く．しかし直径およそ 6370 km の地球を，直径 0.1 ミリの浜の真砂で埋めつくしたとしても，その個数は 2 溝 5 千 8 百穣程度である．極だとか不可思議，無量大数などは，まさに不可思議，ないものに名前をつけているのではないか？

ついでながら，ギネスのレコードブックを見ると，大きな数をあらわす数詞として次のようなものが挙げられている．

 centillion：

  アメリカ・フランス式では 1 のあとに 0 を 303 個つけた数，

  イギリス・ドイツ式では 1 のあとに 0 を 600 個つけた数

 milli-millimillion：

  1 のあとに 0 を 60 億個つけた数

 googolplex：

  1 のあとに 0 を 10000……0（0 が 100 個並ぶ）個つけた数（10 の 10^{100} 乗）

またアルキメデスは小論「砂の計算者」の中で，次のような数詞を提案している．

 億周位の億級の億：

1のあとに0を8京個つけた数

全宇宙の砂粒の数は,彼の推定では「1のあとに0を63個つけた数」を超えないので,たいへんな大ぶろしきを拡げたものである.なおある推定によれば,観測可能な宇宙に存在する原子の総数は,「1のあとに0を85個つけた数」を超えないという.

2. ツルカメ算について

次に話は飛ぶようであるが,ツルカメ算の解きかたについて考えてみよう.ご存じの方は息ぬきのつもりでお読みいただきたい.

問題は,たとえば次のように述べられる.

> ツルとカメがあわせて10ぴきいる.足の数があわせて28本であるという.ツルは何びき,カメは何びきか

これはなかなかの難問で,生まれてはじめてこの問題を出されて,自力で解くには,かなりの努力が要る.また解きかたを考える以前に,「問題の意味がわからない」と,次のように悩む人がいるという.

> ツルのように細くて長い足と,カメのように太くて短い足とを"あわせてかぞえる"ことにどんな意味があるのだろうか?

もちろん何の意味もないので，いくら考えてもわかるはずがない．「無意味と承知で生きていくのが人生だ」と悟るか，次のような状況を想定することで満足してもらうしかないだろう．

> ツル，カメあわせて10ぴきからクツの注文をうけたおカミさんが，注文を控えた紙をうっかり破って捨ててしまった．あわててさがしたら，合計28足と書いた切れはじが出てきたが，どちらが何びきかはわからない．みなさん，助けてあげてください

あわせることの意味にはまるで触れていないが，おカミさんがなぜか合計してしまったのだ．そのおカミさんがいい人なら，助けてあげることの意味は自明であろう．

こういうところで悩まなければ，この問題を解くのは，一般的な方法を知らなくてもできる．手を動かして，試算をしてみればよい．かりにツルが3びきだとしてみよう[1]．するとカメは7ひきである．だからツルの足は6本，カメの足は28本で，合計34本になる．これでは少し多すぎる．

足が多すぎるのだから，ツルをふやして，カメを減らせばよい．ではツルが5ひきだとしたら，どうだろうか．カメは5ひきになるから，ツルの足は10本で，カメの足は20本ということである．合計30本で，まだちょっと多い．

---

1) 正しくは"3羽"というべきであろうが，ますます合わせにくくなりそうなので，これでお許しいただきたい．

2. ツルカメ算について

そこでツルをさらにふやして,

　　　ツルが6ぴき, カメが4ひき

としてみると,

　　　ツルの足は12本, カメの足は16本

となり, 合計28本で, めでたく問題とぴったりあう. だからこれが正解である.

　しかし試算のくり返しは, 決して恥ずかしいことではないが, 少々めんどうである. かりにツルが3びきだとすると, 足は合計34本になり, 問題より

$$34-28=6 \text{ (本)}$$

多すぎる——ここからすぐに, 正しい答が引きだせないだろうか?

　それには,「カメ1ぴきをツル1ぴきにおきかえると, 足の数は2本減る」ことを利用するとよい. 1ぴきのおきかえごとに2本ずつ減るのだから, 足6本を減らすには

$$6\div 2=3,$$

つまり3びきのカメを3びきのツルにおきかえればよい. したがって, 正解は次のとおりである.

　　　ツル　$3+3=6$ ぴき,

　　　カメ　$7-3=4$ ひき.

最初の試算は, ツル3びきに限らない. 計算がラクなのはツル0ひきと考えることで, カメ10ぴきなら足の数は40本であるから,

$$40-28=12 \text{ (本)}$$

だけ多すぎる. そこで

$$12 \div 2 = 6 \text{ (ぴき)}$$

のカメをツルにおきかえればよい——これがふつう教えられている，ツルカメ算の標準的な解法である．

　この解法には，技巧的で，ある人々には受け入れにくいところがある．ツルが「0 ひき」というところである．ツルとカメとが「いる」んだから，「0 ひき」はないだろう，と悩むらしい．しかし最初から正解をあてるつもりはないので，あとでなおせばよいのだから，最初の試算は「明らかにまちがっている場合」でもかまわない．そういわれてもまだ気持が悪いのなら，ツルをかりに 1 ぴきとしてまず試算すればよい（ある程度慣れてからなら，「0 ひき」でも驚かなくなるかもしれない）．また，次のようなしゃれた解法もある．

　　カメに頼んで，前足をみなひっこめてもらう．するとツルもカメも 2 本ずつの足になるから，見えている足の数は $10 \times 2 = 20$（本）である．ところが足の総数は 28 本なので，ひっこめたのは
$$28 - 20 = 8 \text{ （本）}.$$
　　1 ぴきのカメが前足 2 本ひっこめるのだから，カメの数は
$$8 \div 2 = 4 \text{ （ひき）}.$$
　　だから答は，カメが 4 ひき，ツルが残り 6 ぴきである

最後の解法はしゃれすぎていて，応用がきかないが，それ

以前の議論のしかたには、かなりの一般性がある。実際、次のような事柄の重要性を示す、よい題材になっていると思う。

(1) 具体例との格闘
(2) 「かりに」という考えかた
(3) まちがえたとき、それを「上手に補正しよう」という考えかた

しかしこの問題については、次の考えかたの一般性・重要性には、遠く及ばない。

わからないものに名前をつける．

ツルの数もカメの数も、まだわからない。それならツルの数を x、カメの数を y と名付けてみよう（x とか y 自身は目印であって深い意味はない。○と□、あるいは"ツルの数"（略してツ）と"カメの数"（略してカ）を使ってもよい）。するとたちまち、次のような方程式が書ける。

$$\begin{cases} x + y = 10 \\ 2x + 4y = 28 \end{cases}$$

あとは皆さんよくご存じの、一般的な方法で解けてしまう。流水算だろうと時計算だろうと、同じ要領で解けるので、個別的な特殊解法を暗記する必要はない。

未知数を記号であらわすことは、ディオファントス (246 頃-330 頃) がすでにやっているが、その後モハメッド・イブン・ムーサー・アル・フワリズミ (780 頃-850 頃、アラビアの数学者) やバースカラ・アチャリア (1114-1185、インドの数学者) 等々に育てられ、ルネ・デカルト (1596-1650、フ

ランスの哲学者・数学者）によってほぼ確立されたという．1000年以上かかって育てられた記号法の基礎的な部分が，今では中学校で教えられているのだから，教育の進歩はおそろしいものである．

3. 循環連分数について

「わからないものに名前をつける」という考えかたは連分数の計算にも応用がある．次にそのことを少しだけ説明しておこう．

連分数というのは，たとえば

$$2+\cfrac{3}{4+\cfrac{5}{6+\cfrac{7}{8}}} \tag{1}$$

とか

$$2+\cfrac{1}{1+\cfrac{1}{2+\cfrac{1}{1+\cfrac{1}{2+\ddots}}}} \tag{2}$$

のように，分母がまた（連）分数になっているような，複雑な分数のことである．(2) のように分子がいつでも 1 であるものを，特に**正則連分数**といい，分子や ＋ を省いて次のように略記する．

3. 循環連分数について

$$[2, 1, 2, 1, 2, \cdots].$$

"…"の部分が無限に続くなら，それは**無限**連分数である．また $2, 1, 2, 1, \cdots$ のように同じパターンがくり返されるなら，**循環**連分数といってよい．

どんな分数でも，正則連分数であらわすことができる．たとえば

$$\frac{355}{113}$$

は

$$3+\cfrac{1}{7+\cfrac{1}{15+\cfrac{1}{1}}},$$

つまり

$$[3, 7, 15, 1]$$

と書けるし，

$$\frac{208341}{66317}$$

は次のようにあらわされる（どちらも円周率の近似値）．

$$[3, 7, 15, 1, 292, 1, 1]$$

注意 分数を正則連分数になおすのは，割り算のくり返しでできる．たとえば

$$355 \div 113 = 3 \quad \text{あまり} \quad 16$$

であるから，

$$\frac{355}{113} = 3 + \frac{16}{113} = 3 + \frac{1}{\left(\frac{113}{16}\right)}$$

と書きなおせる．次に $\frac{113}{16}$ について，同じ変形を施し，以下割りきれるまで同様の変形をくり返せばよい．

ところで無限正則連分数

$$1 + \cfrac{1}{1 + \cfrac{1}{1 + \cfrac{1}{1 + \cfrac{1}{\ddots}}}} \qquad (3)$$

すなわち

$$[1, 1, 1, 1, 1, 1, 1, \cdots]$$

はどんな値をあらわしているのだろうか？

見当をつけるために，"$1+$" のくり返しを途中で打ち切った，有限連分数の値を求めてみよう．すると

$$1 + \frac{1}{1} = 2,$$

$$1 + \cfrac{1}{1 + \cfrac{1}{1}} = 1 + \frac{1}{2} = 1.5,$$

$$1 + \cfrac{1}{1 + \cfrac{1}{1 + \cfrac{1}{1}}} = 1 + \frac{1}{1.5} = 1.666\cdots$$

のような数値が得られる（表 1 参照）．この表から想像する

3. 循環連分数について

表1 無限連分数 (3) の近似値

連分数	その値
$[1]$	1
$[1,1]$	2
$[1,1,1]$	1.5
$[1,1,1,1]$	1.6666 6667
$[1,1,1,1,1]$	1.6
$[1,1,1,1,1,1]$	1.625
$[1,1,1,1,1,1,1]$	1.6153 8461
$[1,1,1,1,1,1,1,1]$	1.6190 4762

たとえば

$$[1,1] = 1+\frac{1}{1}, \quad [1,1,1] = 1+\cfrac{1}{1+\cfrac{1}{1}}$$

と，(3) の値は 1.617 ぐらいになりそうであるが，何とか正確な値を求められないものだろうか？

まだわからない，その値に x という名前をつけてみよう．たしかなことは，今のところ $x>0$ ぐらいしかわかっていない．そこで分数式 (3) を眺めなおしてみる．つくづく眺めているうちに，「きれいだなあ」とか，「最初の分母

$$1+\cfrac{1}{1+\cfrac{1}{1+\cfrac{1}{\ddots}}}$$

は，全体と同じ，つまり x に等しいのではないか」という感想がわいてこないだろうか？

あとの発見は重要である．そこからただちに

$$x = 1 + \frac{1}{x}$$

という式が作れるからである．両辺を x 倍して整理すれば，2次方程式

$$x^2 - x - 1 = 0$$

が得られる．それなら高校で学ぶ公式によって

$$x = \frac{1+\sqrt{5}}{2} \quad \text{または} \quad \frac{1-\sqrt{5}}{2}$$

のはずであり，$x > 0$ であることから，次の答が得られる．

$$x = \frac{1+\sqrt{5}}{2} = 1.6180\,3398\,\cdots.$$

ついでながら，これは黄金分割比と呼ばれる，有名な定数である．

やかましくいえば，(3)のような無限循環連分数が「何か特定の値をあらわしている」ことは証明を要する．だから我々は，「ないかもしれない，あるとしてもその値がわからない」ものに名前をつけていたわけである．その威力は十分に示されたと思うが，この方向をさらに前進すれば，次の定理に到達することだけつけ加えておこう．

定理（J. L. ラグランジュ） 循環正則連分数 a は，ある2次方程式 $ax^2 + bx + c = 0$（a, b, c は整数で，$b^2 - 4ac \geqq$

0) の解である．逆にこのような2次方程式の解は，循環正則連分数であらわすことができる．

第 2 話
判断のセンス

> 試験は受けたが，数学以外はだめであった．(中略)
> 当然落ちたと思ったので，発表を待たずに津守さんの
> 鎌倉の別荘へ泊まりがけで遊びに行ってしまった．そ
> うしたら母から「ハイレタヨ．オカエリナサイ」とい
> う電報がきた．
> ——小平邦彦『ボクは算数しか出来なかった』
> 　　　　日経サイエンス社，1987

1.「である」と「らしい」

　数学者にはそそっかしい人が多い．私も時計や老眼鏡をおき忘れたり，約束の日を思い違えるなど，バカなことばかりやっている．ふつうの会社で，これで無事に勤まるはずがないのに，クビにならずにすんでいるのは，よほど周囲の人々が好意的なのに違いない．その私より上手なのはたぶん，N大学のN先生とC大学のI先生であろう．しかしN先生は「もっと上手がいる」というのである．そして次のような話をしてくれた（以下，名前はもちろん仮名である）．

　N先生の同僚であるヨシヒコ先生は，家を出るときに若奥様のカズコさんから1枚の紙を預かった．その紙には，帰りにスーパー・マーケットに寄って，これこれのものを買ってほしいという品物がきちんと書いてあった．

　ヨシヒコ先生は愛妻家であるから，帰りに忘れずにスーパーに寄って，カバンから紙を出し，買物をはじめた．ところがそのカバンをしめ忘れ，開いたままだったのである．幸い親切な女の人が注意してくれたので，「ありがとうございます」とお礼をいってカバンをきちんと閉め，必要な品物を買いそろえて，家に帰った．以下，ヨシヒコ先生と奥様のカズコさんとの会話．

　　カ「あなた，スーパーで買いものしてるとき，カバンが開いてたでしょ？」

ヨ「え？　うん，よく知ってるな．」
カ「どこかの女の人に，注意されたでしょ？」
ヨ「何だ，見てたのか？」
カ「あれ，あたしよ．」
ヨ「！？……☆＠\$！！」

買物の追加が必要になったので，カズコさんがスーパーに行ったら，口の開いたカバンを下げている旦那様に出会って，注意したらお礼をいわれてしまった，ということでした！

　私にこの話をしてくれた N 先生は，ズボラではあるけれどもホラ吹きではない．だから私は，この話は（人名と会話の細部を除いて）実話であると確信している．ところが私がこの話をしたとき，すなおにおもしろがる人ばかりではなく「そんなの，作り話でしょう」という人が何人かいた．

　これは単に，私がホラ吹きだと思われている，というだけのことなのだろうか？　それなら個人的には残念だけれど，ここで論じてもしかたのないことである．しかし「自分の判断能力を過信する」ことの表れであるとしたら，ひと言つけ加えておく価値がある．世の中は広い――並の常識では想像できない，鷹揚な人も実在するのだ．それが「信じられない」とか，「ウソにきまっているよ」とまでいうのは，世の中が「広い」ということさえ本当にはわかっていない，可哀想な人ではあるまいか？

たいていの場合，私たちは「……にきまっている」と断定できるほど博識ではないように思う．おそらく「……らしい」というべきことが多いのではなかろうか．実際，学校でいくらたくさん知識を吸収しても，それで世の中の問題がみな片付くわけではない．それどころか，新しい状況に立たされて，どうしていいかわからないことが少なくない．そのようなとき，正しい判断を下す十分な根拠がないからといって，何もしないのは愚かであるし，直観だけに頼って「……にちがいない」（これっきゃない！）と断定するのはコッケイであろう．知性ある人なら，時には直観だけに頼ってでも「……である らしい」という判断を下し，時に応じてその判断を修正して行くのではないか，と私は思う．

　研究者の世界でも，事情は変わらない．「……である」とわかっていればわざわざ証明する必要はないので，わからないからこそ，「……ではなかろうか」という予想を立て，証明を工夫するのである．そこで「……らしい」という判断力——一種の嗅覚と，その判断にとらわれず，場合によって君子豹変するさらに高次の判断力との，両方が必要になる．次に，そのへんの事情を，簡単な具体例で観察してみたいと思うが，準備が少々長くなる点をお許しいただきたい．

2. 士官36人の問題

　トランプのカードから，ハートのキングとクイン，クラ

図1　2行・2列の"方陣"
ヨコの並び（段）を**行**といい，タテの並びを**列**という．タテに3枚ずつ，3列に並べれば，"3行3列"ということになる．一般に n 行 n 列の配置を n 次の**方陣**と呼ぶ．

図2　2次の方陣の例
右側の列の上下を入れかえれば，性質 (2) がみたされる．

ブのキングとクインをぬきだす．これを図1のように2行・2列に並べて，次の性質が成りたつようにすることができるだろうか？

  (1) どの行にも，必ずキングとクインが含まれており，どの列にも，必ずキングとクインが含まれている．
  (2) どの行にも，必ずハートとクラブが含まれており，どの列にも，必ずハートとクラブが含まれている．

たとえば図2は，性質 (1) をみたしているが，性質 (2) はみたされていない（たとえば第1行にクラブがない）．性質 (2) だけをみたすように並べることも，簡単にできる．しかし性質 (1), (2) を同時にみたすように並べることは，どうしてもできない．

カードをふやしたらどうなるだろうか．ハート，クラブ，ダイヤのキング，クイン，ジャックを3行3列に並べて，次の性質が同時に成りたつようにすることができるだろうか？　（少し簡単に書くけれど，趣旨は前と同じである．）

  (1) どの行・どの列にも，必ずキング，クイン，ジャックが含まれている．
  (2) どの行・どの列にも，必ずハート，クラブ，ダイヤが含まれている．

それは可能である．たとえば図3 (a) のように並べればよい（ほかにもいくつか並べかたがあるから，パズルが好きな人はカードを並べてさがしてみるとよい）．カードを4階級・4種類にすることも可能で，図3 (b) は，次の性質をみたしている．

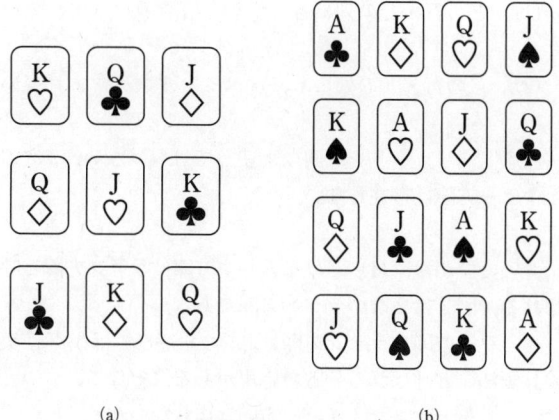

(a)　　　　　　　　　　(b)

図3　3次と4次の"オイラー方陣"
オイラー (L. Euler, 1707-1783) はスイスの偉大な数学者.

(1) どの行・どの列にも，エース，キング，クイン，ジャックが含まれている．
(2) どの行・どの列にも，ハート，クラブ，ダイヤ，スペードが含まれている．

このような配置を，オイラー方陣という．一般的にいうと，n 階級・n 種類のカードが，すべての階級・種類の組合せごとに1枚ずつ，合計 n^2 枚あるとして，それらを n 行・n 列に並べて，次の性質をみたすようにしたものを n 次の**オイラー方陣**というのである．

(1) どの行・どの列にも，すべての階級が含まれている．

(2) どの行・どの列にも，すべての種類が含まれている．

注意 同じカードを 2 回以上使ってはいけない．2 次のオイラー方陣は**存在しない**．

ついでながら，(1) だけをみたす方陣は**ラテン方陣**と呼ばれる．図 2 は 2 次のラテン方陣である．

オイラー方陣やラテン方陣は，単なる遊びではなく，"実験計画法"と呼ばれる分野に応用がある．そこで，

　　　もっと大きなオイラー方陣は作れないか

という問題が発生する．特に $n=6$ の場合について，オイラーは問題を次のように述べた．

　　6 つの連隊から 6 階級の士官（大・中・少佐，大・中・少尉）を 1 人ずつ，合わせて 36 人選びだす．この 36 人を 6 行・6 列に並べて，どの行・どの列にも，すべての連隊，すべての階級の士官が含まれるようにすることができるか？

これが有名な**オイラーの士官 36 人の問題**である．

$n=5$ の場合はどうなのだろうか？ それは次のようにして作れる．5 つの階級を A, B, C, D, E であらわし，5 つの種類を 1, 2, 3, 4, 5 であらわすことにしよう．まず第 1 列

A 1				
B 5				
C 4				
D 3				
E 2				

(a)

A 1	B	C	D	E
B 5	C	D	E	A
C 4	D	E	A	B
D 3	E	A	B	C
E 2	A	B	C	D

(b)

A 1	B 2	C 3	D 4	E 5
B 5	C 1	D 2	E 3	A 4
C 4	D 5	E 1	A 2	B 3
D 3	E 4	A 5	B 1	C 2
E 2	A 3	B 4	C 5	D 1

(c)

図4 5次のオイラー方陣

奇数次のオイラー方陣も同じ方針で作ることができる（第1列にA, B, C, …と1, $n, n-1, …, 3, 2$ を書きこんで始めればよい）．

に上から

A B C D E
1 5 4 3 2

を書きこむ（図4 (a)）．それから各行を

A, B, C, D, E, A, B, C, …

および，

1, 2, 3, 4, 5, 1, 2, 3, …

という順に並ぶように，文字を埋めてゆく――たとえば左端がCの行には

C D E A B

と書きこむのである．これをローマ字について行なうと図4 (b) ができ，数字について実行するとオイラー方陣（同図 (c)）が完成する．奇数次のオイラー方陣はどれも同じような方針で作れるので，$n=7$ の場合を図5 (a) に示しておいた．

n が偶数の場合には，この方針ではうまくいかない（同じ"カード"が2回以上現われてしまう）．しかし n が4の倍数であれば，一定の手順で n 次のオイラー方陣を作ってみせることができる．その手順はいくらか面倒なのでここでは説明しないが，$n=8$ の場合の例を図5 (b) に示しておいた．

さて，$n=6$ の場合に戻ろう．この場合はどうなのだろうか？

A	B	C	D	E	F	G
1	2	3	4	5	6	7
B	C	D	E	F	G	A
7	1	2	3	4	5	6
C	D	E	F	G	A	B
6	7	1	2	3	4	5
D	E	F	G	A	B	C
5	6	7	1	2	3	4
E	F	G	A	B	C	D
4	5	6	7	1	2	3
F	G	A	B	C	D	E
3	4	5	6	7	1	2
G	A	B	C	D	E	F
2	3	4	5	6	7	1

(a)

A	B	C	D	E	F	G	H
1	2	3	4	5	6	7	8
B	A	D	C	F	E	H	G
3	4	1	2	7	8	5	6
C	D	A	B	G	H	E	F
5	6	7	8	1	2	3	4
D	C	B	A	H	G	F	E
7	8	5	6	3	4	1	2
E	F	G	H	A	B	C	D
4	3	2	1	8	7	6	5
F	E	H	G	B	A	D	C
2	1	4	3	6	5	8	7
G	H	E	F	C	D	A	B
8	7	6	5	4	3	2	1
H	G	F	E	D	C	B	A
6	5	8	7	2	1	4	3

(b)

図5　7次と8次のオイラー方陣

3. 判断と結果

　士官36人の問題が有名なのは，非常にむずかしいからである．次数 n が奇数の場合は簡単に作れるし，n が4の倍数の場合にも一般的な手順で構成できるのに，$n=6$ の場合はそうはいかない．あのオイラーが長年苦心して，どうしてもできなかったので，「それはおそらく不可能であろうと思われるが，不可能だという証明もむずかしくて，できない」といった，ということである（高木貞治『数学小

景』岩波書店,224ページ).また彼は $n=6$ の場合だけでなく,$n=2$ の場合もできない(これは明らか)ことから,次のように予想した,ともいわれている.

(Ⅰ) n が4で割りきれない偶数であるとき,n 次オイラー方陣は存在しない.

その後多くの研究者が,オイラーの判断に従ってこの問題を研究した.そして1900年にようやく,6次オイラー方陣が存在しないことを G. タリーが証明した.オイラーは18世紀の人であるから,100年以上かかってようやく $n=6$ の場合だけ片付いたわけである.その後1910年に P. ヴェルニックという人が,一般の「4で割りきれない偶数」に対するオイラー方陣が作れないという論文を発表したが,その証明には誤りがあった.

それから約50年.問題は R. C. ボース,S. S. シュリカンドおよび E. E. パーカーによって,1959年に次の形で最終的に解決された.

(Ⅱ) n 次オイラー方陣は,$n=2$ の場合と $n=6$ の場合を除いて,**いつでも作れる**.

図6に10次オイラー方陣の実例をひとつ示した.

この結果は,その方面の研究者にとっては,実に大きな衝撃であった.実に長いこと信頼されていた,オイラーの判断(Ⅰ)が誤っていたのだ.日本の専門家の間でも,(Ⅱ)に非常に近いところまで肉迫していながら,(Ⅰ)を信頼していたばかりに,さいごのツメをし損じたという話がある.

A 1	G 8	F 9	E 10	J 2	I 4	H 6	B 3	C 5	D 7
H 7	B 2	A 8	G 9	F 10	J 3	I 5	C 4	D 6	E 1
I 6	H 1	C 3	B 8	A 9	G 10	J 4	D 5	E 7	F 2
J 5	I 7	H 2	D 4	C 8	B 9	A 10	E 6	F 1	G 3
B 10	J 6	I 1	H 3	E 5	D 8	C 9	F 7	G 2	A 4
D 9	C 10	J 7	I 2	H 4	F 6	E 8	G 1	A 3	B 5
F 8	E 9	D 10	J 1	I 3	H 5	G 7	A 2	B 4	C 6
C 2	D 3	E 4	F 5	G 6	A 7	B 1	H 8	I 9	J 10
E 3	F 4	G 5	A 6	B 7	C 1	D 2	I 10	J 8	H 9
G 4	A 5	B 6	C 7	D 1	E 2	F 3	J 9	H 10	I 8

図6 10次のオイラー方陣

C. ベルジュ『組合せ論の基礎』サイエンス社，2ページより．

このように書いたからといって，失敗した人々を蔑視するかのように解釈しないでいただきたい．私にも似たような経験がいくらもあるので，スポーツと同じように，敗者にも大きな拍手を送りたいものである．しかし「……である」と「……らしい」の混同が，研究の最先端では敗因にもなりうるということは，ぜひ記憶に止めておいていただきたい．

［補足］
その後，N 大学の N 先生を通して，同僚の先生に買物の話の確認をしたところ，次のことがわかった．
(1)「スーパー」は誤りで，「デパートの地下売場」が正しい．
(2)「あれ，あたしよ.」のまえに，次のような対話があったそうです.
　　カ「どんな人だった？」
　　ヨ「きれいなひとだった.」
これでは奥様も怒れないでしょうね.

第3話
分析のセンス

　　おねしょ
　　しょうの　ゆりな（3才）
　　　またこんなに　あせかいちゃった
　　アベ・マリア
　　あべ　かおこ（5才）
　　　マリアさまのみょうじも　あべ　なのね
　　——亀村五郎編『こどものひろば』福音館書店，1983

1. 説明欲，分析欲

　人間には，「知りたい」，「わかりたい」という根源的な欲望があるらしい．受験勉強でいろいろな事実を「記憶する」ことに慣れてきた人でも，時には「なぜそうなのか，知りたい」と感じたことがあるのではなかろうか．それは健康なことだ，と私は思う．実際，子供は「事実」ではなかなか満足しないので，「どうして？」と「説明」をほしがるものである．そして自分なりの説明をつけてみたり，「おかあさん，へびはどこからしっぽなの？」という難問を大人に投げかけたりする（前掲書『こどものひろば』，150 ページ．ついでながら，これはなかなかおもしろい本ですよ）．そういえばいつかテレビで武田鉄矢が，こんな話をしていた（中尾ミエと森山良子の『おしゃべり泥棒』——言葉は不正確ですし，名前や年齢も忘れましたので勝手に変えました．武田さん，ゴメンナサイ）．

　　子供がね，幼稚園の同級生とおしゃべりしているうちに，たまたまエト（干支）の話になったんですよ．
　　アサコ「あたしヒツジよ」
　　カズコ「あら，あたしも」
　　ナツコ「あたしも」
　　ふしぎだなー，どうしてだろう，ということになりましてね．そのうち「子供はみんなヒツジなんだ」という説が出たんです．ところが，まずいことに小さい弟

がいまして……
ヨシヒコ「ぼくはトリだよ」
そしたらお姉さんが
　「バカね，お前も大きくなったら，ヒツジになるんだよ」ですって

これを「子供らしい，かわいい話」と笑うのはよい．しかし軽蔑してはいけない．科学者も似たようなことをやっているのである．たとえば18世紀の科学者たちが，「燃える」ということをどんなふうに考えていたかを思いだしてみるとよい．

　ゲオルク・エルンスト・シュタール（1660-1734）の説はこうである．

　　燃えるとは，物質が分解することで，そのときフロギストン phlogiston という一種の元素が放出される

燃えるとき出る光や熱は，フロギストンが原因である．この説はごく自然に思われたので，およそ100年もの間，多くの支持者を得た．しかし「金属が燃えたときは，その灰の方がもとの金属より重くなる」という事実が発見された．

　この事実によって，フロギストン理論は倒されたろうか？　すぐには倒されなかった．「それは，フロギストンがマイナスの重さ（質量）を持っているからだ」という説明

もできるからである．やがて化学反応の計測技術が進み，「燃えるとは酸素と化合することだ」（詳しくいうと，酸化分解により強く発熱し，炎を伴う連鎖反応）という説が支配的になってはじめて，フロギストン理論が捨てられることになった．

　ここで注意しておきたいのは，科学はいろいろな事実の単なるよせ集め**ではない**ということである．それはむしろ「説明」の体系なのであって，「どうして？」とか「おかしい」という根源的な問いかけによって誕生・成長し，時には交代してゆく．その原型が，さっきの子供どうしの会話にも，すでに含まれているのではなかろうか．やはり「説明欲」は大切にしたいものである．

2. 分析のテクニック

　そうはいっても，説明欲だけで十分だ，というわけにはいかない．「入学金が大変で……」といったばかりに「ああ，やっぱり裏口入学」と「説明」されてしまい，ひそかにナットクされても困るではないか．ひとつの「説明」にすぐとらわれてしまうのはよくないので，いつでも「待てよ」と反省する余裕が必要である．また先入観や第一印象によらず，なるべく冷静・公平に，真実を追求するテクニックを身につけておくとよいと思う．

　そのようなテクニックとして，最も一般性があるのは，「分析」ということであろう．かのデカルト (1596-1650) も，『方法序説』の中で次のようなことをすすめている．

(1) 問題をいくつかの小部分に分割する．
(2) 単純な場合から始めて，少しずつ複雑な認識へと進む．
(3) すべての場合をもれなく列挙して全般的な再検討を行なう．

では一体，どんな基準で分割をすればよいのか？　その基準を発見するのは実は必ずしも容易ではなく，時には「ひらめき」とか「天才の一撃」を必要とする——テクニックで片付く仕事ではない．しかしいくつかの基準が選ばれたあとで，正確に問題を分割し，すべての場合をもれなく列挙するためのテクニックなら，いくつか挙げることができる．たとえば人間の性格を研究するために，次の3つの基準で人間を分類しておきたい，としよう．

(1) 男か，女か．
(2) 早生まれか，遅生まれか．
(3) 弟か妹がいるか，いないか．

これらに従って正しく分類すると，人間は8つのグループに分けられるはずである．それらをもれなく列挙するには，次のような表や図を利用するとよい．

(A) カルノー表（図1）

たとえば「弟も妹もいない早生まれの男性」は①に，「弟もいるし妹もいる遅生まれの女性」は⑦にあてはまることになる．④は「弟も妹もいない早生まれの女性」をあらわしている．参考までに，もうひとつの基準をつけ加えた場合のカルノー表の作りかたを図2に示した．

	男		女	
早生まれ	①	②	③	④
遅生まれ	⑤	⑥	⑦	⑧
		弟か妹がいる		
	弟も妹もいない			

図1　カルノー表

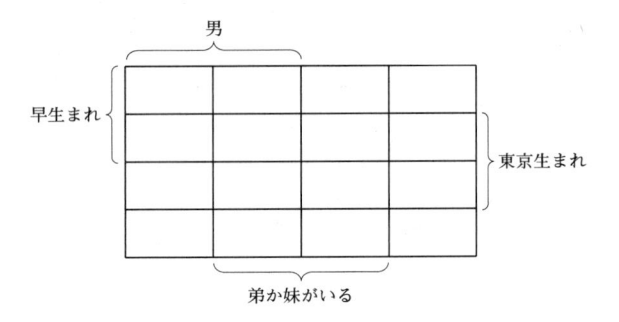

図2　4つの基準についてのカルノー表

　基準は「あてはまるか・否か」の2分法でありさえすれば，何でもよい——16通りの場合がもれなく表示できる．

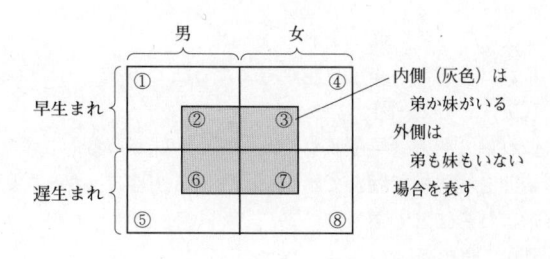

図3 キャロル表

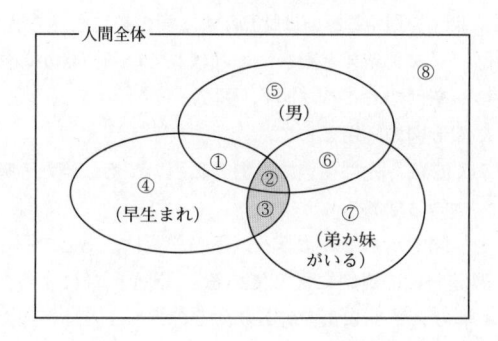

図4 オイラー図

　男の集合，早生まれの人の集合，弟か妹がいる人の集合を図示したものと考えてよい．たとえば「早生まれの人」は左下の長円の内側（遅生まれの人々はその外側），「弟か妹がいる人」は右下の円の内側（そうでない人はその外側）に入ってもらうのである．「弟か妹がいる早生まれの人」は，どちらの境界線の内側でもある，図の灰色部分に入る．「弟か妹がいる早生まれの女性」は，「男」の境界線の外側，つまり領域③（灰色部分の下半分）であらわされる．オイラー（1707-1783）はこのような図を概念の図解に用いたと伝えられている．

(B) キャロル表（図3）

これはルイス・キャロルが考えた方法である．

(C) オイラー図

これは「男」，「早生まれの人」，「弟か妹がいる人」等々の範囲を境界線で囲んで示した図である（図4）．ヴェン図と呼ばれることもある．

(D) 樹形図

これは一番直接的でわかりやすく，応用が広い（図5）．要するに，「場合分け」をひとつずつ，枝分れで示すのである．「人間」を根（あるいは幹）とする樹の姿になぞらえて，樹形図（ジュケイズと読む）と呼ばれている．ほかの例もいくつか挙げておこう（図6，図7）．

次に樹形図の応用として，

　　　くじは，先に引いてもあとに引いても，当たる確率は同じである

ことを，図で示してみよう（以下の説明は，あとで引用する小沢健一氏の資料に従っている）．話を簡単にするために，4本のクジ $1, 2, 3, 4$ があり，そのうち1と4が当たりであるとする（以下①，④であらわす）．そしてA，Bの2人がその順に引いたとする（Aが引いたくじは戻さずに，Bが続けて引く）．すると全部で12通りの場合が起りうるが，それらは図7のような樹形図で示される．

この図の12本の枝は，どれも同程度に起りやすい（これらが等確率であることは，高校生にも説得力があるらしい）．Bが当たる枝は6本あるから，その確率は

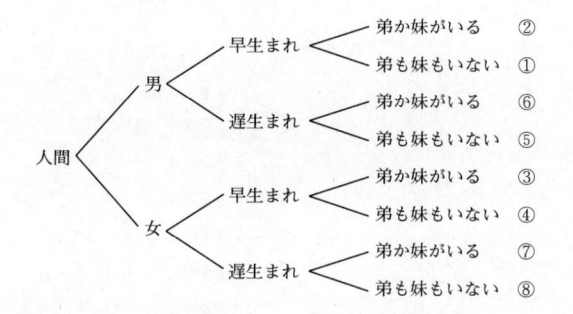

```
                                    ┌─ 弟か妹がいる    ②
                        ┌─ 早生まれ ─┤
                        │           └─ 弟も妹もいない  ①
                ┌─ 男 ──┤
                │       │           ┌─ 弟か妹がいる    ⑥
                │       └─ 遅生まれ ─┤
                │                   └─ 弟も妹もいない  ⑤
        人間 ───┤
                │                   ┌─ 弟か妹がいる    ③
                │       ┌─ 早生まれ ─┤
                │       │           └─ 弟も妹もいない  ④
                └─ 女 ──┤
                        │           ┌─ 弟か妹がいる    ⑦
                        └─ 遅生まれ ─┤
                                    └─ 弟も妹もいない  ⑧
```

図5　樹形図

あなたはどこに位置するか？　「人間」から出発して，枝分かれを辿ってみてください．

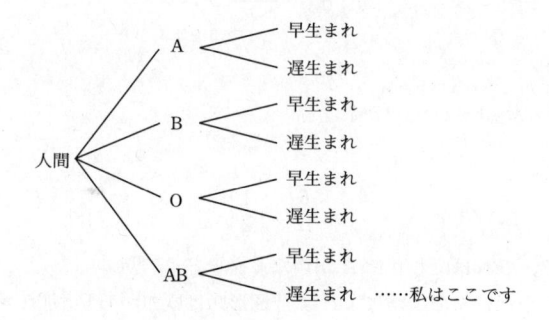

```
                ┌─ A  ──┬─ 早生まれ
                │       └─ 遅生まれ
                │
                ├─ B  ──┬─ 早生まれ
                │       └─ 遅生まれ
        人間 ───┤
                ├─ O  ──┬─ 早生まれ
                │       └─ 遅生まれ
                │
                └─ AB ──┬─ 早生まれ
                        └─ 遅生まれ　……私はここです
```

図6　血液型と生まれの遅・早による分類

このように枝分かれは「2本ずつ」とは限らない．「右折か・直進か・左折か」をクジできめるような場合にも使える．

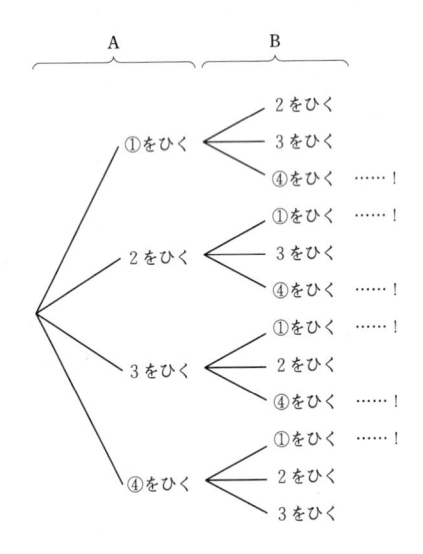

```
              A           B
         ┌─────────┬──────────────┐

                            ┌── 2をひく
              ①をひく  ─────┼── 3をひく
                            └── ④をひく  ……！

                            ┌── ①をひく  ……！
              2をひく  ─────┼── 3をひく
                            └── ④をひく  ……！

                            ┌── ①をひく  ……！
              3をひく  ─────┼── 2をひく
                            └── ④をひく  ……！

                            ┌── ①をひく  ……！
              ④をひく  ─────┼── 2をひく
                            └── 3をひく
```

図7 くじびきの樹形図

Bが当たるのを，！で示した．

$$\frac{6}{12} = \frac{1}{2}$$

で，これはたしかに A が当たる確率 $\frac{1}{2}$ に等しい．

小沢さんの経験によれば，「樹形図は威力があり，加法定理や乗法定理のようなイカメシイ定理はほとんど不要となる」とのことである．

3. 分析の実際

図7のくじの話は，

　　小沢健一「確率の授業」(『数学教室』No. 253，国土社，
　　1974年)

からお借りした．それにはワケがあって，そのさきが非常におもしろいのである．次に，そのおもしろい部分を，原文のまま引用させていただこう．なお，「くじ屋」さんとはAとBに引いてもらうくじの持ち主で，Aが当たりかはずれかは，Bは知らないが，「くじ屋」は知っているとする．それでも図7で示したとおり，AもBも当たる確率は$\frac{1}{2}$で，順序は関係ない．

　　ここまでは問題ない．ところが以上のことを授業でやったあと，3Bの青柳君がコーフン気味に職員室に飛んできて，つぎのようなことをいった．そしてぼくもわからなくなり，未だにわからない．
　　青柳君の弁
　　「Aは，はずれくじをひいたとしよう．
　　Bは，Aがはずれたと知らずにやってくるから，先生がいうように当たる確率は$\frac{1}{2}$だ．
　　　ところが，「くじ屋」はAがはずれたことを知っているから，今度引いた人が当たる確率は$\frac{2}{3}$であることがわかっている．
　　　そうするとBは，"自分で引くより，「くじ屋」に引いてもらった方が得だ"ということになるが，"そ

んなことってあるのか"．」

「くじ屋」は，Aがはずれたという情報（条件）を知っているし，Bは知らないのだから，いわゆる「条件付確率」で，2人の確率は違うことになる．このことは話としてはよくわかる（青柳君もわかった）．しかし"自分でひくより，「くじ屋」に引いてもらった方が得"かどうかとなると，なんともいえないオカシナ気持になる．「くじ屋」に引いてもらっても，自分で引いても変わるはずがないと思う．では確率 $\frac{1}{2}, \frac{2}{3}$ の意味はどうなるのか？　だれか教えて下さい．（前掲書）

小沢さんはもう正解を知っていると思われるが，これは高校生ばかりでなく，ある大学の先生をも悩ませた，おもしろい問題である．そこで我々も少し悩んでみることにしたい．

デカルトの教えは，こういうときにこそ役にたつはずである．だから問題を分割し，単純な場合から考えてみることにしよう．最も単純・明快なのは，事実に則して考えることである．

事実（前提）**1.**　4本のくじがあり，そのうち2本当たりであることは，みな知っている．A君がまず1本引き，はずれた．この結果を「くじ屋」は知っているが，B君は知らない．

事実2.　残った3本のくじのうち，2本は当たりで，1

本がはずれである．したがって，残りから1本引いて当たる確率は，**誰が引こうと $\frac{2}{3}$** である．

もちろん「どのくじが当たりか」まで知っている人が引けば話は別であるが，ここでは「くじ屋」でもあけて見るまではわからないとしておこう．「情報は事実（確率）を変えない」のである．

しかしB君が考えると「確率は $\frac{1}{2}$」というのももっともらしい．そこでB君の立場にたって，何がわかるかを考えてみよう．

事実3.　「もしAがはずれなら，Bが残りから引いて当たる確率は $\frac{2}{3}$ である」——それはB君にもわかる．

「もし」をつければ，B君にもわかるはずである．同じように，次のこともいえる．

事実4.　「もしAが当たりなら，Bが残りから引いて当たる確率は $\frac{1}{3}$ である」——それはB君にもわかる．

これらをまとめると，次のようになる．

事実5.　A君が引いたあとの時点で，B君が残りから引いて当たる確率は $\frac{2}{3}$ か $\frac{1}{3}$ かのどちらかである．それはB君にもわかる．しかしそのどちらであるかは，B

君にはわからない．

「くじ屋」はどちらであるかを知っている．しかし「くじ屋」の知っている正解が，いつでも $\frac{1}{2}$ より大きいとは限らない．$\frac{1}{2}$ より小さいかもしれないし，そのどちらであるかはB君にはわからない．いいかえれば，

　　「くじ屋」が引いた方が得かもしれないし，損かもしれない．そのどちらであるかは，B君にはわからない．(!?)
だからB君は「どうしよう」などと悩んでもムダである．

　これで悩みは解消できたろうか？　ちょっと待ってほしい．「くじ屋」の立場から考えるとどうだろうか．A君ははずれで，しかもそのことを自分は知っているのだから，B君の代りに引いてあげるのが親切というものではなかろうか．しかしそれは，事実2「誰が引いても同じ」に矛盾するのではないか？——悩みは少しも解消されていなかった．

　デカルトの方法を続けてみよう．今度はB君にとっての確率が，どのように計算されるかを考えてみるとよい．

　B君は，A君が当たったかどうかはわからないが，当たるかどうかが5分5分であることは知っている．そこで

　　A君がはずれた場合に自分が当たる確率
と

　　A君が当たった場合に自分が当たる確率
とを半々と見て合計すると，

$$\frac{1}{2}\times\frac{2}{3}+\frac{1}{2}\times\frac{1}{3}=\frac{1}{2}\times\left(\frac{2}{3}+\frac{1}{3}\right)=\frac{1}{2},$$

つまり確率 $\frac{1}{2}$ という数値が出る．これは次のように要約できる．

事実 6. A君がはずれた場合と当たった場合とを総合して，B君が当たる確率を計算すると，それは $\frac{1}{2}$ になる．

「総合」とはどういうことだろうか？ 「両方の可能性を考える」ということ——つまり「A君が引く前の状態から考えなおす」ということである．それなら何も，さっきのようにむずかしい計算をする必要はなかった．

事実 7. A君がひく前の状態で考えると，B君が当たる確率は（図7で示したとおり）$\frac{1}{2}$ である．

B君に考えられる確率 $\frac{1}{2}$ とは，A君が引く「前」の確率であって，「くじ屋」が知っている，A君が引いた「後」での確率とは，意味が違う！ だから数値が違っても，それは矛盾でも何でもない．情報は，事実を変えないが，（確率についての）知識や判断には影響するのである．

タイム・マシンに乗って，昔の小沢さんにメッセージ：A君がはずれたあとで，くじを引いて当たる確率は，誰が引こうと $\frac{2}{3}$ です（図8）．B君が引いても，当たる確率は実

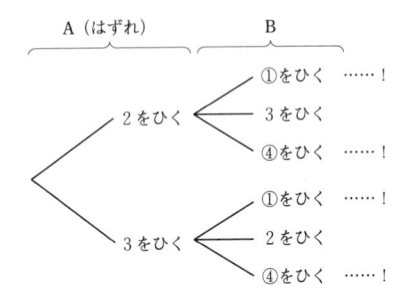

```
         A（はずれ）        B
        ⌢‾‾‾‾‾‾⌢  ⌢‾‾‾‾‾‾‾‾‾‾‾‾‾⌢
                          ┌── ①をひく  ……！
              2をひく ────┼── 3をひく
             ╱            └── ④をひく  ……！
            ╱
            ╲            ┌── ①をひく  ……！
              3をひく ────┼── 2をひく
                          └── ④をひく  ……！
```

図8　Aがはずれた場合の樹形図

は $\frac{2}{3}$ なので，ただB君がそのことを知らないだけです．B君には，当たる確率が $\frac{2}{3}$ か $\frac{1}{3}$ かのどちらかであることはわかりますが，どちらであるかはわかりません．そのため，A君が引く前の状態に戻って「自分が当たる確率は $\frac{1}{2}$」と考えるのも無理はありません．しかしそれは「情報不足のための近似解」のようなものであって，「A君がはずれた」という特定の場合についての正解ではないのです．それにしても，青柳君はよい疑問をもち，よく考えましたね．エライですね．小沢さんの議論，おもしろかったですね．では小沢さん，サヨナラ，サヨナラ，サヨナラ，……

第4話
集中のセンス

「一生，愛せるものを見つけなさい．見つけたら，何が
あっても食らいついていく．厳しく愛し続ける．その
うち，自分に自信ができますね．勇気がわいてきます
ね．」
　　——淀川長治（朝日新聞1985年1月15日朝刊より）

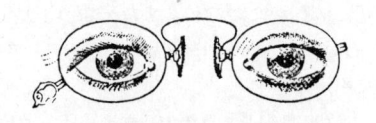

1. 天才伝説

　天才は，ものごとに熱中して，余計なことを忘れることができる．そのため時には大失敗をすることもある．

　入浴中に「浮力の原理」を発見したアルキメデスは，うれしさのあまり裸のまま外に飛びだして，「ヘウレーカ，ヘウレーカ」（英語の eureka ユリイカ，我発見せり）と叫びながら家に帰ったという．

　ニュートンは実験中におなかがすいてきたので，ゆで卵を作って食べようと思った．時計を片手に卵を鍋に入れ，しばらくゆでてから時計を見ようとしたら，彼は卵をにぎっていた．時計をゆでてしまったのである！

　アンペール（フランスの物理学者・数学者）は，散歩に出たとき，玄関のドアに「留守です」と書いた札を出しておいた．考えごとをしながら戻ってきた彼が，家に入ろうとすると，「留守です」という札が目に入った．そこで彼は「ああ，留守ではしかたがない，また来よう」と思って散歩を続けた，という（吉岡修一郎『数のユーモア』学生社より，字句を変えて引用）．

　ヒルベルト（20世紀ドイツの大数学者）は，お客を招待した晩，お客さんが到着する少し前に，奥さんに「そのネクタイはよくないから，取りかえなくちゃ」と注意された．そこでネクタイを取りかえに2階の寝室に上がっていった彼は，ネクタイをはずし，何となくパジャマに着がえ，そのまま寝てしまった（高木貞治『近世数学史談』共立出版よ

り，字句を勝手に変えて引用）．

　私は，こういう話が（京都のM先生の口まねをすると）「ワリカタ好き」である．だから，高校の教科書『基礎解析』（三省堂）の章扉を，こういう話で飾ってみた．ついでにいうと，同書113ページの次の小話に出てくるM先生は，あの温厚な故三村征雄先生（元・学習院理学部長，東大名誉教授）である．

> 用務員室にやってきたM先生「おばさん，今日は学生がいないけど，どうしたの」
> 「いやだね先生，もう冬休みですよ」

ところが，こういう話の原稿を出したときは，編集会議で問題になったのである．そのおもな理由は，次のようなことであった．

「天才を特別扱いするのはよくない．天才といっても一般人とほんの少ししか違わない，と教えた方がよい」

　私は教育論は素人であるから反論はしかねたが，さりとてお気に入りの小話を削除するのも気が進まず，結局ウヤムヤのうちに，無事掲載されることになった．

　皆さんはどう思われるだろうか？　私は，アルキメデスやニュートンが「自分とほんの少ししか違わない」とはとても思えない．プロレスラーを見て「オレと似たようなものだ」とは思えないのと同じである．失敗の逸話の背後にある，彼らのすさまじい集中力には，感嘆・脱帽，胸が熱

くなる思いがする．そして何かしくじったときには，「いやまだアルキメデスには遠く及ばない」と考えると，大いに心が安まるのである——私は結局「いいわけ」が欲しいのだろうか？

2. トランプの切りかた

　集中力には欠けるかもしれないが，私はいわゆる「凝り性」で，ものごとに熱中しやすい．以前トランプのひとり遊びに熱中して，ずいぶん時間を無駄にした．その頃の記録を見ると，136回試みて11回成功したとか，最近の100回中では84回成功など，今では考えられない数字が並んでいる．

　こういう「成功率」が客観的な意味をもつためには，カードの切りかたがいいかげんであってはならない．しかし「よく切る」とはどういうことなのだろうか？　次にひとつの簡単な例として，「完全シャフル」と呼ばれる切りかたについて，その効果を調べてみよう．

　完全シャフルとは，カードの山をちょうど半分ずつに分け，それらが交互に1枚ずつかみ合うようにまぜることである（図1）．たとえば6枚のカードの山

　　（下）　♣K　♣Q　♣J　♡K　♡Q　♡J　（上）

にこれを実行すると

　　(1)　♣K　♡K　♣Q　♡Q　♣J　♡J

のように変わる．これにさらに完全シャフルを反復実行すると，カードの順序は次のように変化する．

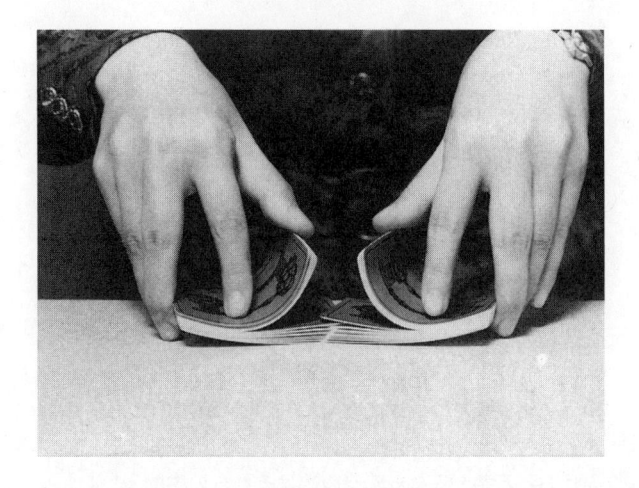

図1 完全シャフル

(1) トランプひと山を半分に分ける.

(2) 図のようにパタパタと「かみ合わせ」、ひとまとめにする. これを**リフル・シャフル**という. 特に, もと一番下にあったカードから落としはじめ, 左右のカードが完全に1枚ずつかみ合うようにするのが**完全シャフル**である.

(2) ♣K ♡Q ♡K ♣J ♣Q ♡J
(3) ♣K ♣J ♡Q ♣Q ♡K ♡J
(4) ♣K ♣Q ♣J ♡K ♡Q ♡J

このように (4) は最初と同じで, まったく切れていない状態に戻ったわけであるが, (1) はどうだろうか. マークについては, 実によくまざっている——規則的すぎるくらい

である．しかしK-Q-Jという順序はくずれていない（これはリフル・シャフルの弱点である）．(2), (3)になると，アタマとシッポが変わらないこと（これは完全シャフルの弱点）を除けば，「ワリカタまざっている」といえるのではなかろうか？

この「ワリカタ」のところを定量的に表現するには，いろいろな方法がある．

(**A**) 統計的指標の利用：同じマークが並んでいる部分をひとまとめにして**連**(run)と呼ぶことにしよう．たとえば列(2)は4つの連から成る．上の6枚のカードを並べた場合，連の数の最小は2（列(4)）で，最大は6（列(1)）である．「よくまざっている」とは「でたらめに並んでいる」ことと考えるなら，連の数はそれらの中間——4ぐらいがよいであろう．だから，列(2), (3)は（少なくともマークの並びかたについて）よくまざっているといえる．

(**B**) 「作りにくさ」の評価：コルモゴロフは「でたらめさ」とは「規則性のなさ」であり，それは「作りにくさ」によって評価できる，と考えた．大ざっぱにいうと，コンピュータにある記号列を印刷させるとき，その記号列がでたらめであればあるほど，そのためのプログラムは必然的に複雑になるだろう，というのである．それなら記号列のでたらめさは，それを印刷するコンピュータ・プログラムの長さによって評価できる（下手なプログラムを書いたために長くなるのは避けたいので，本当は「それを印刷する，最も短いプログラムの長さ」といわなければならない）．

コルモゴロフの考えかたは,「でたらめさ」が非常に高い列については理論的成功をおさめ,いろいろな統計的指標との関連が明らかにされている.しかし与えられた記号列のでたらめさを具体的に測定することは,大抵のばあい容易なことではない(プログラムを書くことはともかく,それが「最も短い」かどうかが判定しがたい).そこで私は「有限オートマン」と呼ばれる簡単な機械モデルを使って,有限記号列の「でたらめさ」(=作りにくさ)を定義してみた.詳細は省くが,1975年の論文([1])である.ひとり遊びに熱中していた頃から2年もたっているのは,集中力が不足していた証拠で,あとほんの少しのところで引きあげてしまい,ほかのことに気をとられていたのであった.

切りかたの評価に話を戻そう.個々の列のまざりかたでなく,「切りかた」の評価のためには,次のような尺度がある.

(C) 周期:同じ切りかたをくり返したとき,何回めかにもとに戻るとしよう.その回数を,その切りかたの**周期**(period)という.たとえば6枚のカードに対する完全シャフルの周期は4である.

ひと組のトランプ(ジョーカーを除く,52枚)に完全シャフルを実施すると,周期はどうなるのだろうか? これを何の予備知識もなく推測して当てられる人はめったにいないと思うが,正解は8である.図2に示した「3進シャフル」の周期は,同じ52枚のカードに対して198であるから,8とはずいぶん小さい,といえる.

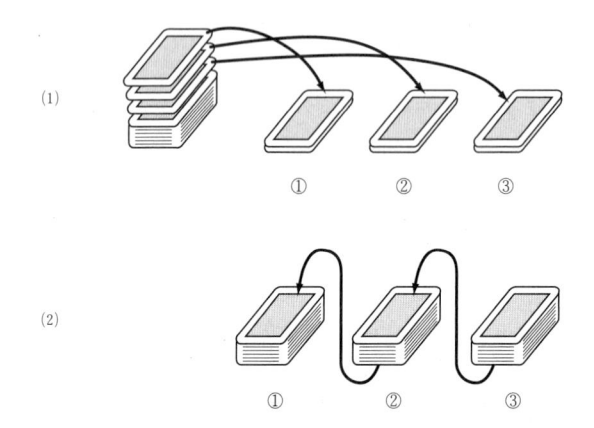

図2 3進シャフル

(1) カードの山の上から1枚ずつとって，①，②，③の上に順に重ねてゆく．

(2) 移しおわったら，①の上に②の山をのせ，その上に③の山をのせる．これを3進シャフルという（山の数をふやせば4進，5進シャフル等々になる）．このシャフルの周期（本文参照）は198であるが，手順をちょっと変えて，(1') カードの山の下から1枚ずつとることにすると，周期は532になる．また (1″) カードの山の上から1枚ずつとって，①にはひっくり返してのせ，②，③にはそのまま重ね，(2″) さいごに①の山をひっくり返して②の上にのせ，その上に③の山をのせることにすると，周期は12になる（6回反復したところで，最初と完全に逆順の列が現われる）．

3. 固体混合の問題

「よくまぜたい」という願望は，トランプのカードに限らない．ジンとベルモット，セメントと砂，空気の分子と殺虫剤の粒子など，いろいろな場合がある．そのうち「セメントと砂」のように，固体粒子をまぜあわせる問題を，固体混合の問題という．

固体混合は，実用的な問題であるから，そのための機械・装置が作られ，実際に使われている．しかしそれらの設計は経験に依存するところが多く，「このようにすれば能率がよいはずだ」という理論的な根拠はあまりないようである．そしてそのひとつの理由は，「まざりかたのよい尺度がない」ことであるという．正確にいえば，100を越える尺度が提案されているのに，「この尺度を使おう」という一致した見解が得られていないのである．

そこで1974年に赤尾洋二氏（当時山梨大学教授）は，「接触数」という尺度を提案された．これは異なる種類の粒子が隣りあうことをひとつの「接触」として，全体として何組の接触が起っているかを数えよう，という考えかたである．簡単な例として，前に示したカードの列 (1)〜(4) を♣と♡の混合問題とみると，さいごの列 (4) の接触数は1（♣Jと♡Kの間），列 (1) の接触数は5，列 (2) の接触数は3である（一般に，列についての接触数は連の個数マイナス1になる）．化学反応などをめざすなら，接触数は大きいほど——規則性があっても，でたらめでなくても，

別にかまわない．

それまで提案されていた多くの尺度は「でたらめさ」を測るものであったから，当時山梨大学にいた私は，この概念に大いに刺戟をうけた．混合度と「でたらめさ」は違うのだ！ そこで次のような新しい尺度を考えてみた．

話を簡単にするために，粒子は2種類（かりに♣と♡であらわす）とし，粒子が1本の鎖のように1列に並んでいる場合を考えよう（3次元的な配列でもよいが，話が面倒になる）．その場合は，次のような確率（相対頻度）を考えるとよい．

♣ 粒子について，
その右隣が♣ である確率 p，♡ である確率 q．
♡ 粒子について，
その右隣が♣ である確率 r，♡ である確率 s．

たとえば列（4）については次のようになる．

$$p = \frac{2}{3}, \quad q = \frac{1}{3}, \quad r = 0, \quad s = 1.$$

定義 混合度 $d = q + r - 1$．

［例1］ 列（4）の場合は"完全分離"と呼ばれ，混合度は次のようになる．

$$d = \frac{1}{3} + 0 - 1 = -\frac{2}{3}.$$

粒子数が大きくなると，完全分離の混合度はほぼ -1 になる．

［例2］ 列（1）の場合は"完全混合"と呼ばれ，

$$d = 1+1-1 = 1$$

となる．

[例3] 列 (2) については

$$p = \frac{1}{3}, \quad q = \frac{2}{3}, \quad r = \frac{1}{2}, \quad s = \frac{1}{2}$$

と見て

$$d = \frac{2}{3} + \frac{1}{2} - 1 = \frac{1}{6}.$$

粒子数が大きいとき，2種類の粒子が「でたらめにまざっている」ならば $q+r \fallingdotseq 1$ で，d の値はほぼ0になる．このように完全分離から完全混合までを区別して表示できるのが，新しい尺度 d の長所である．

さて，現実の混合物について，接触数やこの混合度 d を測定するにはどうすればよいのだろうか？ セメントや砂だと，「調べよう」と一部分をすくいとっただけで粒子が動いてしまうから，正確な接触数をかぞえることは不可能である．せいぜいできることは，20～40カ所から少量のサンプルをぬきだしてきて，それぞれの中での特定粒子の比率（たとえば ♣ が何%含まれているか）

$$t_1, \; t_2, \; \cdots, \; t_n$$

を測定することぐらいである．しかし幸い，これらの値の標準偏差 σ から，我々の混合度 d を推定することができる．それは次の事実に基づく（文献 [2]）．

事実 全体の中での特定粒子の比率は一定として，混合度 d を -1 から 1 に向かって少しずつ大きくしていくと，標準偏差 σ（の期待値）は少しずつしだいに小さくなる．

変化は単調で，決して波打ったりしない．だから数表を作っておけば，σ の値から d の値を推定することができる（粒子数 N が大きいときは，d と σ の間にごく簡単な関係が成りたつ）．また粒子数 N と特定粒子の比率がわかっていれば，混合度 d から接触数を推定することもできる．

詳細は文献 [2] に譲るが，たかがトランプのひとり遊びでも，集中力を発揮すればいろいろな事実を掘り起せるはずだ，というのが今回の話の趣旨である．また予定外のことであったが，「集中力の不足は努力で食らいついていけば，（ある程度）カバーできる」という話にもなっているかもしれない．"汝の立っている場所を深く掘れ．そこに必ず泉がある"——ニーチェ．

参考文献

[1] A. Nozaki, Generative Complexity and Randomness of Finite Sequence of Symbols, *Behaviometrika*, No. 3, pp. 29-37 (1975)

[2] A. Nozaki, A mixing index based on a Markov model, *Behaviometrika*, No. 7, pp. 61-74 (1980)

第5話
「わからない」ということ

　　　　パパやママが若葉のしあわせを
　　　　見送るさびしさの，その日はいつのこと．
　　　　その日にあえるすべもない祖父は，
　　　　うば車を押しながらそっと祈る．
　　　　雨風よ．若葉をよけてゆけ．
　　　　——金子光晴『若葉のうた——孫娘・その名は若葉』
　　　　　　　　　　　　　　　　　　勁草書房，1967

1.「わからない」ことへのおそれ

人間は，わからないことに対しておそれを抱くものである．未来．暗闇．死後の世界．無限．そしてひょっとすると……

おそれとは，時には畏敬である．何やらむずかしげな言葉，たとえばポスト構造主義とか超記号論などという言葉がちりばめられた論説をありがたがる人もいるではないか．ただし，「むずかしければよい」というものでもないらしく，図にのって複素関数論的素粒子論とかアモルファス的人生の変分法などといってみても，ウケるかどうかはちょっとよくわからない．

おそれとは，もちろん恐れでもある．これはしばしば弊害をもたらす．恐れは嫌悪感を生み，嫌悪感は理解をさまたげるからである．では，「恐れ」を防ぐ方法はないものだろうか？

わからなくて恐れるのなら，わかってしまえばよいわけだ．それなら，「わかる」ためのつまずきの石を，ひとつずつ取り除くのが正攻法というものだろう——実はそれはムリなので，「わからなくてもおそれないでほしい」といいたいところなのだけれど，最初からそれをいってしまうのも教師として虫がよすぎる．そこでムリを承知で，少しばかり挑戦してみよう．

つまずきとなる最大の石は，「興味がない」ということである．これは難物で，「おもしろい問題をやらせればよい」

1.「わからない」ことへのおそれ

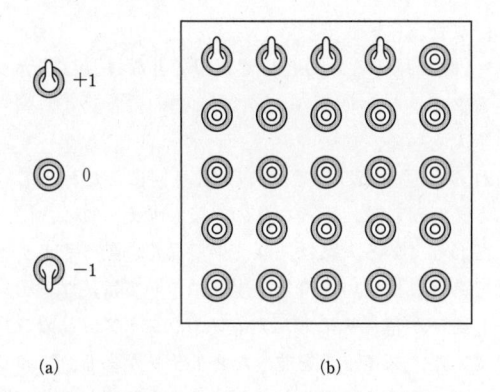

図1 スイッチによる数の表示
(a) は個々のスイッチの利用法，(b) は +4 の表示を示す．

などというのは簡単だけれど，誰が何をおもしろいと思うかは千差万別で，時間をかけないとなかなかつかめない．「根気がない」という石に対しても，興味をもたせることが助けになるとは思うが，思うように行かないことも多く，教師として悩ましいところである．

もうひとつの難物は，「こだわり」という石である．たとえば

　　　「借金かける借金がどうしてプラスになるのか」
という疑問にとりつかれたばかりに

　　　マイナスかけるマイナスはプラス
という符号の規則がわからなくなった，という人が少なく

ない.また,
> 「眼に見える**もの**として表現できなければ,ナットクできない」

という人もいる.

　これらも厄介なことではあるが,「何にこだわっているか」さえわかれば,それなりの対策も考えられる.「もの」にこだわっている人には,リクツでなく,動くオモチャを見せてあげればよい.符号の規則については,マーチン・ガードナーが昔『サイエンティフィック・アメリカン』に書いていた,スイッチを並べたオモチャがある.スイッチは上・中・下の3段切りかえができるもので,これが盤の上にたくさんつけてある（図1）.そしてたとえば

　　　上に3個倒したら　　$+3$,
　　　下に4個倒したら　　-4

というふうに,数をあらわすのである.また"$\times 2$"を実行したいときは,

　　　盤上の倒れているスイッチの数を,2倍にする

のである（上下の向きをそろえること）."$\times(-3)$"なら,まず盤の方向を$180°$回転させてから（図2）,倒れているスイッチの数を3倍にすればよい.これで

$$3\times 2,\quad (-2)\times 3,\quad 4\times(-2)$$

などをやってみてから

$$(-2)\times(-2)$$

をためしてみれば,マイナスかけるマイナスがプラスになっているのが目に見える！　（このほか,右ネジと左ネジ

1.「わからない」ことへのおそれ　　073

180°回転
（上下を逆にする）

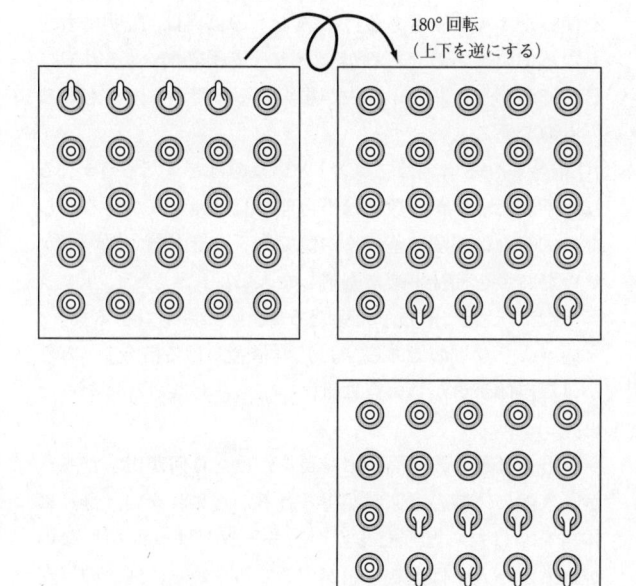

倒れているスイッチの数を
3倍にする

図2　×(−3) の実施法

を使ったオモチャもある．）こんなものは実は，説明にも何もなっていないのであるが，「もの」の強みで，「これではじめてわかった」という人が事実いるのだから，おもしろいものである．

「借金かける借金はプラス」というのはどうだろうか．これが不満で「だから数学は不合理だ」という人がいるとしたら，それは誤解に基づく中傷である．一生懸命働いてかせいだお金を福祉事業に寄附した人に，

「どうせ親にもらった金だろう．いいカッコするな」

というようなものである．まず，「借金かける借金」というかけ算自体がおかしい点に気付いてもらわなければならない．

たとえば足の裏の面積に身長をかけたら何が出るだろうか．人体の体積の近似値が得られるかもしれない．身長に体重をかけたらどうだろうか．ちょっとはっきりしないが，大きい人には大きな値が出るだろうから，何かの目安にはなるかもしれない．では次の数値には，どんな意味があるのだろうか？

$$90 \text{ cm} + 22 \text{ 年},$$
$$35 \text{ 秒} - 1.2 \text{ g},$$
$$110 \text{ 円} \times 18 \text{ 円}.$$

110×18 を電卓で計算すれば 1980 という答は出るけれども，この数値には単位のつけようがない．お金の計算ならたとえば 110 円の切符を 18 枚買ったときに，

$$110 \text{ 円} \times 18 = 1980 \text{ 円}$$

のようにして総額を求めることはある．しかし「お金にお金をかける」ことなど，実際には無意味なのである．だから「借金かける借金」を考えることが，そもそもまちがっている！

ではどんな計算ならよいのだろうか．さっきやったような

$$○○（円）× □□（回）$$

なら問題ない．今度はそれにプラス・マイナスを入れて考えてみよう．円については

　　　現金をプラス，　借金をマイナス

であらわし，回数については

　　　入る（ふえる）のをプラス，

　　　出ていく（減る）のをマイナス

であらわすことにしよう．するとかけた結果は

　　　実質増がプラス，　実質減がマイナス

という意味をもっている．たとえば

(1)　2万円を3回もらったのなら

$$2×3 = 6（万円）$$

　　で6万円の増,

(2)　110円を18回払ったのなら

$$110×(-18) = -1980$$

　　で1980円の減,

(3)　借金を3人の友人が10万円ずつ肩代わりしてくれたのなら，借金が減るのだから

$$(-10)×(-3) = 30$$

で30万円の実質増
となるわけである．このように，マイナスかけるマイナスはプラスと約束したほうが，都合がよい．

2. 感性からの出発

　教師の悩みばかり書いていると，「生徒の方がたいへんなんだ」というもっともな非難が出るにちがいない．私もそれは経験がある．また『昆虫記』で有名なファーブルも，大した経験の持ち主で，次のようなことを書いている（ファーブル『昆虫記』第17分冊，山田吉彦・林達夫訳，岩波書店）．話は，ファーブルがある青年に代数を教えることになって，あわてて本を読んでいるところである．

　　加え算と引き算については何も言うことはない．これは一度読めばいやでも分る単純なものだ．掛け算になって，雲行きが怪しくなった．そこには，負数に負数をかければ正数が出て来ると言うことを断定する記号の規則がある．私はこの一種のパラドックスにどんなに参ったか！
　　あの本はどうもこの点の説明がまずい．と言うよりむしろ，抽象的な方法を用いすぎていた．どんなによく読んでみても，読み直してみても，考えてみてもだめだった．わかりにくいテキストはどこまでもわかりにくさを守っていた．これは一般的に本の欠点だ．本は印刷された事だけしか言わない．（中略）何でもない

一言だけで,ときには正しい道に結構つれて行ってくれるものだ.それなのに,本は編まれたままに固まってしまっていて,その言葉を言ってはくれない.

私も身につまされたところである.中学生の頃,何かのはずみで荒又秀夫『行列と行列式』という本を読みはじめたら,その最初の1行がわからなかった.

　　　数をいくつか束ねたものをベクトルという

これが何の図とか例もなく出てくるのだから,何のことだかさっぱりわからない.ただ,少し先に
$$(x_1, x_2, \cdots, x_n)$$
という記号がでてくるので,「束ねる」とはこんなふうにまとめて書くことか,ということはわかった.しかしその先は,いくら読み直してみても,考えてみてもだめだった.「わかった」気にはどうしてもなれなかった.そのうち学校で,座標というものを教わった.そのとたんに,ああこれがベクトルか,とわかった.ふしぎなことに,わかってしまえばベクトル(正確にいうと数ベクトル)とは「数をいくつか束ねたもの」であって,それ以上でもそれ以下でもない.本は正しかった!

大切なのはやはり「感性から出発する」ことであろう.人間は機械ではない.形式的な規則や定義を記憶しただけでは,働くことはできないのだ.いや,手を動かして計算

することはできるかもしれないが,「わかった」気になれず,計算の先を見通すことも新しい問題に応用することもできない.要するに「わかっていない」のである.

「何でもない一言」を見つけることは,老練な教師にも学ぶ側にも,容易でないことがしばしばある.しかし学ぶ側には,教師より有利な点がひとつある.それは,問題の感性が「自分の感性」だ,ということである.どうしてもわからない,と思っていても,考えぬいている間に感性のアンテナが四方にのびてゆくらしく,何かがひっかかればひらめきが生ずる.そこで味わう発見者の喜びは,教師からはめったに与えられない,学ぶ側だけの喜びである.

ファーブルはもっと偉かった.彼は,自分も理解しないままに生徒に符号の規則を教えはじめたのである(以下,『昆虫記』の同じ巻からの引用).

> 私は,ちらと見たと思った僅かばかりの微かな光を集めて,何とか説明した後で「わかりましたか.」とたずねてみた.この質問はなにもならぬものだが,時間をかせぐにはいい.私自身解っていないのだから,私は初めから彼も解っていないだろうと信じていた.「わかりません.」と彼は答えた.多分,あの人の好い青年は,こんな高遠な真理のわからなさを,自分の頭のせいにしていたに違いない.

そこからがファーブルのえらいところで,「じゃ,ほかのや

り方でやってみよう」と，いろいろなやり方を試みるのである．その間に，生徒といっしょにファーブル自身が進歩して，とうとう符号の法則の秘密を自力で明かしてしまうのだ．

> 得心がいったらしいちょっとしたまばたきをみると，成功したことがわかる．やっとうまくいったのだ．私は最上の策をみつけたのだ．負数に負数をかけた結果は，我々にその秘密を明かした．

彼は別の個所で記している．

> 私は心の奥底で言っていた．「お前は人にわからせることが出来たのだもの，お前は解ったのだ．」彼にとっても，私にとっても，時は非常に楽しく，またたく間に経っていった．

これこそが教師だけの喜びである！

3. 感性からの離陸

ところで感性に密着しているだけでは，よくないことがある．私が呆れたのは，新聞の投書欄にのっていた，次のような話である．乳ガンを手術して，まだ入院中のご婦人（投稿者）のところに，お見舞いに来た人が，

「さぞおつらいでしょうね．私なんかだったらもう生

きていられないわ」
と泣いて帰った，というのである．「あなたの気持はよくわかる」といいたかったのだろうが，「気持がわかればいい」というものではない．わかったのなら「どうすれば慰めになるか」を考えるのが理性とか友情というものであろう．

　数学は，「新しいものの見方を提供する」という性質をもっている．しかもその「ものの見方」は，一般的・抽象的・記号的であるところにその特長がある．この特長を生かすためには，感性に密着したままではダメなので，どこかで感性から離陸しなければならない．また，どこかで自分の古いものの見方——常識的・視覚的・感情的な見方や考え方を捨てなければならない．

　それができるのは，高等動物の特権かもしれない．鳥の場合，ごく幼い時期に「刷りこみ」されたことは，決して捨てられないのである．シェーンブルン動物園にいたオスのシロクジャクは，幼いときにゾウガメといっしょに育てられたばかりに，「一生の間このぶざまな爬虫類にむかってだけ求愛し，あれほど美しいメスのクジャクの魅力にはまったく盲目になってしまった」という（ローレンツ『ソロモンの指環』日高敏隆訳，早川書房，61ページ）．

　人間でも「その人の考えに賛成しない限り，何をいってもうけつけない」という人もいるから，鳥の「刷りこみ」を笑うことはできないのかもしれない．しかしたいていの人は，

$$2+3=5$$

のような計算をするとき,「2 というのがふたつのハンカチなのか,ふたつのおハジキなのか,それともふたつのリンゴなのか」と悩んだりはしない.ハンカチだろうとリンゴだろうと,2つと3つをあわせれば5つになるのだ.この一般性・抽象性は,動物にはもちろんのこと未開民族にもきわめてむずかしい事柄である.だからたいていの人は,実は偉大な「離陸」をすでにやってのけている,といってよい.さらにどこまで離陸できるか——それはそれぞれの人の,精神的な若さによる,と私は思う.

さいごに,目下勉強中の若い人々のために,「本を読んでいてわからなくなったらどうすればよいか」という教訓を書いておきたい.まず強調したいのは,
わからなくても,おどろくな
ということである.恐れ悲しむ必要などまったくない.誰でも他人が書いたまじめな話など,読みにくくてわかりにくいものなのだ.そして,まるでわからないようなときは,かまわずさきに進むことをおすすめしたい.また,気になることがあってわかった気になれないときも,その疑問をなるべくはっきりいいあらわす程度で満足して,ムリにその場で解決しようとせず,前進した方がよい.ファーブル先生も同じ意見である(前掲書より).

> ときどき道を阻んで立つ壁にがっかりしたとき,どうしたらよいだろう.私はダランベールが年若い数学者たちに忠告して言った格言を守った.この偉大な幾

何学者は言った．「自信を持て，そして前に突進しろ．」と．

　自信は私も持っていた．そして勇気を以て進んだ．それがよかった．壁の前で私の求めていた光を私は向う側でよく見出した．未知のままに残して来たつまずき石を爆破できる爆薬を，石の向う側で拾うこともあった．

皆さんも，どうぞ自信をもってください．もともと，数学なんかわからなくても，死ぬようなことはないのです！

第6話
「わかりやすい」ということ

> 「このおれ、マッティスは、あらゆる山や森の山賊の頭のなかでも、いちばん勢力があって、力が強い（中略）．けれど、ボルカちゃんにそれがわかってるかどうか、どうもはっきりしないのさ．」「それならやっこさんに、それをわからせてやりなよ．」と、スカッレ・ペールがいいました．「やつとの決闘なら、あんたがきっと勝つだろう．」
> ——A. リンドグレーン『山賊のむすめローニャ』
> 大塚勇三訳，岩波書店，1982

1.「わかりやすさ」をめざして

前回は「わからなくても，おどろくな」ということを述べた．これは大事な生活の知恵ではあるが，教師のはしくれとしては，もうちょっと，何とかできることはないか，と悩むことが多い．今どき「なぐりあいの決闘でわからせる」わけにはいかないだろう．そこで，ファーブル先生のような努力について，もう少し書きたしてみたい．

私が文章を書くとき，私なりに努力していることは，おもに次のような点である．

(1) ごく一部の読者しか知らないような言葉を，話の本筋の中で，説明なしに使うことは避ける．

そういいながら'流水算'とか'アモルファス的人生論'などという言葉を説明なしで使っているが，これらは本筋と関係ない，オマケの部分であるから，お許しいただきたい．

(2) 新しい用語・記号については，具体例による説明をなるべく早く入れる．

例外は，ずっとあと（第 12 話）で

$$(4,2)+(1,-2) = (4+1,2-2)$$

のような演算を導入するところである（具体的な数値例にはなっているが，具体的な意味の説明はわざと省かれている）．ここは「感性からの離陸」をちょっと狙っているので，あくまでも例外とお考えいただきたい．そのほか教科書の場合には次の点にも注意する．

(3) 新しい用語・記号については、形式的な定義もき

ちんと述べる.
　いくら入門的な教科書で,直観的な説明を主にする場合でも,それだけでは理解が不正確になるし,潔癖な理論家は悩んでしまう.たとえば『不思議の国のアリス』で有名な数学者チャールズ・ドジソン(ルイス・キャロル)は,微分積分学の基礎である極限の概念がよく理解できていなかった,といわれているが,それはドジソンの頭が悪いことを必ずしも意味しない.直観的で,形式的な正確さをまるで欠いていた当時のイギリスの微分積分学の状態を考えると,キャロルの言語・論理感覚があまりにも鋭かったために,素朴で不用意な説明についていかれなかったのではなかろうか,と私は想像している(同じ理由で,現在の学校教育で落ちこぼれた人々も,必ずしも悲観するには及ばない,と私は思う).

　具体的な説明には,もうひとつ欠点がある.具体例についての詳細な話に深入りしてしまうと,それはそれとしてよくわかるものの,「要するに何なのか」が見失われかねない.「木を見て森を見ず」ということである.そこで事柄を整理・整頓し,枝葉を捨てて,要点がよくわかるような,形式的にすっきりした説明をすることが時には望まれるわけである.その点をズバリと指摘されたのは,ある研究会議での,吉田耕作先生の次のようなご発言であった.

　　「わかりやすいように,抽象的に話してください」
いかにも天才数学者らしい,切れ味の鋭いご発言で,私は気に入っている.

2. 具体例との格闘

ところで，形式的・抽象的な説明だけでも，一般的にいってわかりやすいとはいえない．数学の本ではそういう傾向が強いから，例を挙げるまでもないかもしれないが，悪名高い『岩波数学辞典』から１カ所引用してみよう（第２版，182ページより，構文を少し変えて引用）．

> 任意の集合 M の上で定義された M の上への 1-1 対応を，M の上の**置換**という．

まことに正確な説明ではあるが，これだけでは「知っている人にしかわからない」のではなかろうか？

これは執筆者に対する悪口ではない．これは「群」という項目の一部であるが，わずかのスペースに必要な情報を盛りこんだ執筆者の腕前は，賞讃に値する．ただ，辞典という制約を無視して，初心者からみた「わかりやすさ」を要求するならば，もう少し具体例による説明がほしいところである．初心者の興味をひくための「味つけ」までは望まないとしても，「任意の集合 M」ではとりつく島もない！

ではどうすればよいか．教師ならば当然，このような説明を棒読みするはずはないので，それぞれ味つけにも工夫をする．学ぶ側からいえば，

　　　　投げずに，手を動かしてみる

努力が必要である（小平邦彦先生から学生への素朴な質問：「わからないのなら，どうしてわかるまで考えないのですか？」）．「とりつく島もない」などといったのはやはりいいすぎなので，「任意」といわれて困るのなら，そこに自分でとりついて，具体例を考えてみればよい．たとえば

　　　　　　アツコ，　キミコ，　トシミ

という3人の女性に登場していただこう．これら3人の"集合"に，どんな"対応"が考えられるだろうか？

　今，この3人が同じ職場で，気分転換のために「席の入れかえ」の話がもちあがった，としてみよう．すると，たとえば次のような方法が考えられる（図1）．

　　アツコがキミコの席に移り，
　　キミコがトシミの席に移り，
　　トシミがアツコの席に移る．

順ぐりの席がえであるが，これを記号的に，次のような関数（あるいは対応関係）fであらわすことにしよう．

変数値　x	アツコ	キミコ	トシミ
関数値　$f(x)$	キミコ	トシミ	アツコ

これは小さいながらひとつの関数表で，これでひとつの関数fが規定されている．このように枠を書くのがわずらわしい人は，次のように略記してもよい．

$$\begin{pmatrix} アツコ & キミコ & トシミ \\ キミコ & トシミ & アツコ \end{pmatrix}$$

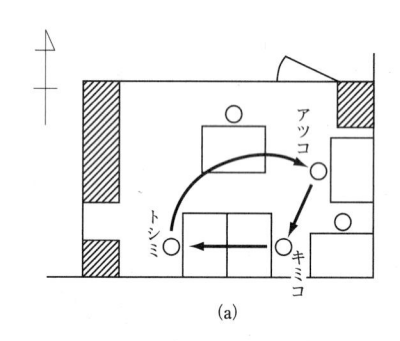

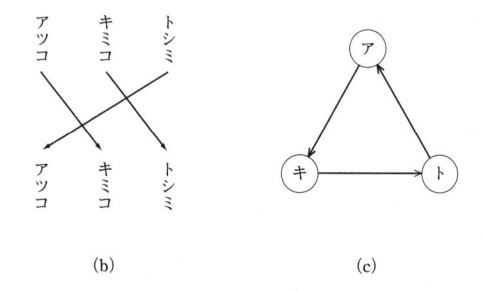

図1　席の入れかえ
(a) は机の位置まで含めた表現，(b) と (c) は人の動きだけを示した簡単な表現である．

これは同じ範囲("集合"アツコ, キミコ, トシミ)の中の対応づけであって,

> ふたつ以上の変数値が, 同じ関数値に対応することはない

という, いわゆる"1-1対応"(イチ・タイ・イチ・ノ・タイオウ)になっている. そのような関数は**置換**(permutation)と呼ばれる. 特にこの場合は, 3人を"順送りに入れかえる"ので,

> 長さ3の**巡回置換**

ともいう.

ほかにはどんな方法があるだろうか. たとえば最初の入れかえの後, アツコとトシミだけが相談して, また席を入れかえたとしよう. その2回めの入れかえは, 次のような関数 g(これも置換)であらわされる.

変数値 x	アツコ	キミコ	トシミ
関数値 $g(x)$	トシミ	キミコ	アツコ

具体的にいうと,

> アツコがトシミの席に移り,
> トシミがアツコの席に移り,
> キミコはそのまま

ということである(図2). これはアツコとトシミの2人だけの入れかえなので, 次のように略記することがある.

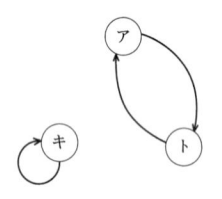

図2 2回めの入れかえ

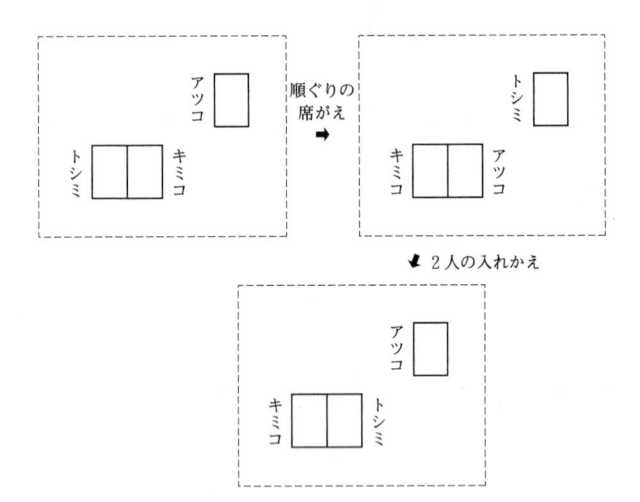

図3 入れかえの"重ねあわせ"

　入れかえを重ねた結果は，合成関数によってあらわされる（本当かな？）．

$$\begin{pmatrix} アツコ & トシミ \\ トシミ & アツコ \end{pmatrix}$$

ところでアツコさんたちは，最初と比較するとどの席に移ったのだろうか？　図3からわかるように

　　アツコはアツコのもとの席に，

　　キミコはトシミのもとの席に，

　　トシミはキミコのもとの席に

移っている．これを関数（置換）h であらわせば

変数値　x	アツコ	キミコ	トシミ
関数値　$h(x)$	アツコ	トシミ	キミコ

ということである．

ところでこの置換 h と，もとの置換 f, g との間には次のような関係がある．
$$h(x) = f(g(x)). \tag{1}$$
実際，たとえば $x=$ アツコの最終的な席は
$$h(アツコ) = アツコ$$
で，最初と変らないはずであるが，
$$g(アツコ) = トシミ,$$
$$f(トシミ) = アツコ$$
であるから
$$f(g(アツコ)) = f(トシミ) = アツコ$$
となり，たしかに $h(アツコ)$ と一致する（ほかの変数値に

$$\begin{pmatrix} ア & キ & ト \\ ア & キ & ト \end{pmatrix} \quad \begin{pmatrix} ア & キ & ト \\ ア & ト & キ \end{pmatrix} \quad \begin{pmatrix} ア & キ & ト \\ キ & ト & ア \end{pmatrix}$$

$$\begin{pmatrix} ア & キ & ト \\ ト & キ & ア \end{pmatrix} \quad \begin{pmatrix} ア & キ & ト \\ ト & ア & キ \end{pmatrix} \quad \begin{pmatrix} ア & キ & ト \\ キ & ア & ト \end{pmatrix}$$

図4　3つの要素の置換
　左上は"何も動かさない"という不精な置換で，**恒等置換**と呼ばれる．

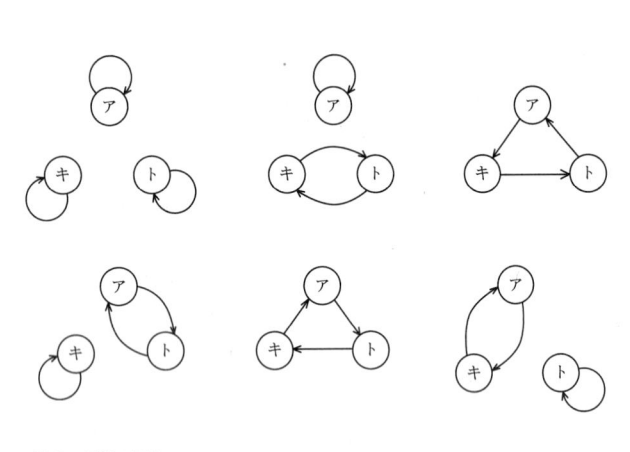

図5　置換の図示
　たとえば上段右で，⑦から㊗への矢印は $f(アツコ)=キミコ$ であることをあらわしている．

ついても等式 (1) が成りたつことは，各自でたしかめていただきたい）.

恒等式 (1) は，

  h が f, g の合成関数である

ことを意味している．数学者は合成関数の計算に慣れているから，図3のような絵を描くよりこちらの方が「抽象的にわかりやすい」．入れかえを動作や図だけによらず，"関数"として記号的に表現したのは，実はそのためであった.

ところで，これくらい具体例との格闘をやると，置換の概念にだいぶ慣れてきたのではないかと思う．要するに，置換とは

  ある範囲（有限集合 M）のものの並べかえ

のことであり，形式的には

  M から M への 1-1 対応

として定義される．元気がいい人なら，M が3つの要素

  ア（アツコ）， キ（キミコ）， ト（トシミ）

から成る場合について，「ありうるすべての置換」をリスト・アップできるかもしれない．その結果は，図4のような6個の置換の表になるであろう．これらを図5のような対応図や，図6のようなアミダクジで表現すれば，さらに親しみがわくであろうか？

3. 置換の一般的な性質

図5や図6のような図解法は，もっと多くの要素

  $1, 2, 3, \cdots, n$

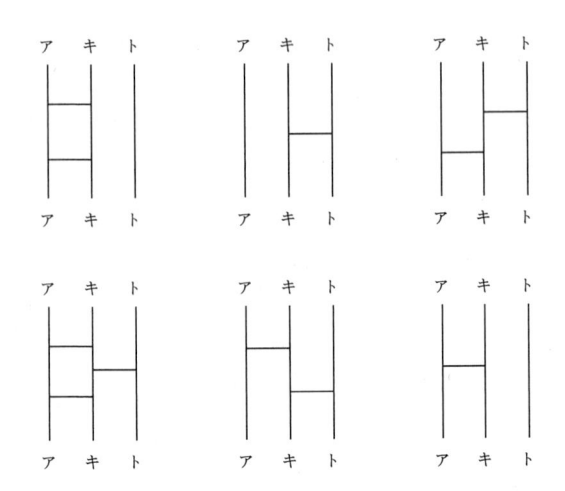

図6 置換とアミダクジ
上段左は,横線が一本もない"不精クジ"でもよい.

の入れかえ(置換)にも使える.たとえば
$$\begin{pmatrix} 1 & 2 & 3 & 4 & 5 & 6 & 7 \\ 3 & 1 & 6 & 7 & 5 & 2 & 4 \end{pmatrix}$$
は図7(a)のようにあらわされる(数字ではつまらない,と思うなら,1,2,3,…をアツコ,キミコ,トシミ,アサコ,カズコ,ナツコ,ユミコでおきかえるとか,置換の意味を席の入れかえ・仕事の入れかえ・亭主の入れかえなど,自由に解釈していただきたい).そしてこの図を見ると,この置換が次のような3つのグループから成りたっていること

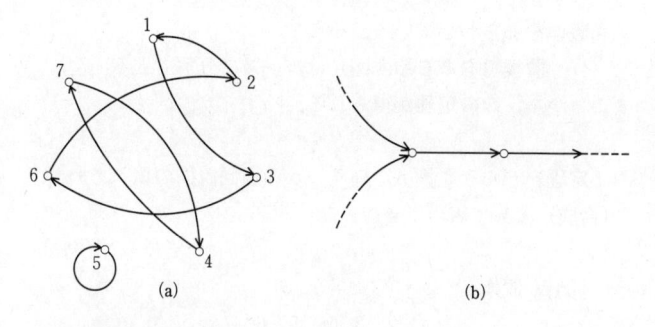

図7 置換をあらわす図
対応関係を矢印であらわす．対応が1対1なら，(b) のような"矢印の合流"は決して起らない．

がわかる．

$$1 \longrightarrow 3 \longrightarrow 6 \longrightarrow 2 \longrightarrow 1,$$
$$4 \longrightarrow 7 \longrightarrow 4,$$
$$5 \longrightarrow 5.$$

このような「ループへの分解」ができることは，偶然ではない．図のどこから出発しても，ゆく先は有限個（この例では7個）しかないのだから，どこかで「いつか来た道」に戻る．しかも，1-1対応の性質から，図7 (b) のような「合流」はありえないので，必ず出発点に戻って枝道のないループになる．「合流」がないのだから，ふたつのループが途中でぶつかることもありえない．

ところで，ループとは"順送りの入れかえ"，すなわち巡

回置換をあらわしている．そこで，

　　　置換（をあらわす図）はループに分解できる

ことから，次の定理が得られる．

定理　どんな置換も，いくつかの巡回置換の重ねあわせ（合成）として表現できる．

［例］　置換
$$\begin{pmatrix} 1 & 2 & 3 & 4 & 5 & 6 & 7 \\ 3 & 1 & 6 & 7 & 5 & 2 & 4 \end{pmatrix}$$
は，次の巡回置換を重ねあわせたものである．
$$\begin{pmatrix} 1 & 3 & 6 & 2 \\ 3 & 6 & 2 & 1 \end{pmatrix}, \quad \begin{pmatrix} 4 & 7 \\ 7 & 4 \end{pmatrix}.$$
前者は長さ4の，後者は長さ2の巡回置換である．後者を特に**互換**といって，次のような記号であらわすことが多い．

$$(4\ \ 7).$$

互換はアミダクジとも関係が深い．実際，アミダクジの基本である横棒のひとつひとつは，ある互換をあらわしている．そこでたとえば図6の下段中央のアミダクジは，次のふたつの互換の重ねあわせと見ることができる．

　　　　　　　　（ア　キ），（キ　ト）．

互換は実はすべての置換の根源なので，次の定理が成りたつ．

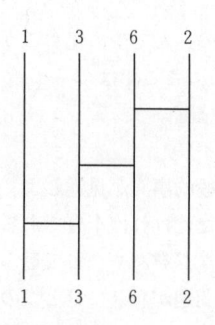

図8 巡回置換のアミダクジ表現

定理 どんな置換も，いくつかの互換の重ねあわせとして表現できる．

［証明］どんな置換でも巡回置換に分解できるのだから，巡回置換が互換に分解できることを示せばよい．それにはアミダクジを使うと便利で，たとえば巡回置換

$$\begin{pmatrix} 1 & 3 & 6 & 2 \\ 3 & 6 & 2 & 1 \end{pmatrix}$$

は，図8のようなアミダクジで表現できる．したがって，この巡回置換は互換

(1 3), (3 6), (6 2)

の重ねあわせとして表現できる．ほかの場合も同様．［証終］

合成関数の記号に基づく形式的な証明も，あと少しの準

備でできるが、このへんでやめておこう（合成の順序に技術的な注意が要る）。ここでは

　　　具体例との格闘

によって、時には

　　　　かなりの一般的事実が見通しよく得られる

ことを、ご理解いただければ十分である。ただ、できればご自分でもアミダクジをあやつって遊んでいただければなおよいので、練習問題がわりにひとつの定理を証明なしで述べておこう。おヒマな方はひとつ挑戦してみていただきたい。

定理 $1, 2, \cdots, n$ のどんな置換も、
$$(j \quad j+1)$$
という形の互換 $(1 \leq j < n)$ の重ねあわせとして表現できる。

[ヒント] 図6の下段左のアミダクジが役にたつ。

第7話
言葉のセンス

「マティ・ボージャ！」マルタはまたつぶやいた．それからマルタは話しはじめた．（中略）……一言もわからないままに，それらの言葉はグレゴリーの胸にくいこみ，その体をゆさぶった．
　　　——ルーマー・ゴッデン『台所のマリアさま』
　　　　　猪熊葉子訳，評論社，1976

1. 言葉と理解

　1979年の夏，私は学会出席のため，ハンガリー南方の，セゲードという小都市を訪れた．観光案内によれば"陽光の町"(the town of sunshine) と呼ばれるこの町は，軽工業と農業が中心で，人口17万人，ティサ川をはさむかわいらしい町である．言語はウラル系のマジャール語で，フィンランド語とよく似ており，日本語とも文法的な共通点がある．たとえば動詞は文末におくし，人名は「姓が先，名があと」の順に呼ばれる．リスト・フランツ (Liszt Franz) とかバルトーク・ベラ (Bartók Béla) といった調子である．しかし語彙は（外来語を除き）印欧語や日本語とまったく異なるので，町を歩いていても，わからないことだらけだった．Sóhajok hídja が"ためいきの橋"で Hosök Kapuja は"英雄の門"なのだそうである．バス停の説明もあらかた読めず，最上段に書いてある

　　　SZT GYORGY TÉR

が何のことなのか，アメリカから来た数学者と首をひねった．そのうちふと気がついて「これはセント・ジョージだろう」といったら，相手も「ああ，きっとそうだ」と賛成してくれた．行く先が書き並べてあったのだろう．TÉR というのはあとで調べてみたら「広場」のことらしかった．

　同じようなわからなさ加減を日本国内で味わってみたければ，数学の学会に出席するとよい．私のように一応は数学を職業にしている人間でも，少し分野の違う分科会に顔

1. 言葉と理解

を出したりすると，まるで話がわからない．「いいか悪いか評価できない」とか「正しいかどうか判定できない」などというのではなくて，何をいっているのかが「まるっきりわからない」のである．理由は単語がわからないことで，少々質問をしてもその返事がまたわからない．こういうのを「唐人の寝言」というのであろうか．

単語がわからない原因は，数学では，新しい言葉が次から次へと作り出されるからである．昔からの単語にまったく新しい意味が与えられることも多い．それはまたなぜか．どろどろした現実を整理し，まとまった構造をわかりやすく示すためである．知らなければまるでわからない単語でも，いわゆる「定義の弾幕」をのり越えて，わかってしまえばありがたい武器になる．

ふつうの言葉でも，そうである．ハンガリーでも「ありがとう」(köszönöm) という言葉を覚えただけで，ずいぶん気が楽になった．

"In any country, a little language goes a long way."
（どんな国でも，ちょっとした言葉がとても役にたちます）

とは，よくいったものである．

ありがたみは，簡単にいいかえられない，内容のある言葉ほど大きくなる．たとえば次のような言葉は，知らないとか何かの理由で使えないとすると実に不自由で，表現に

苦しむことになるであろう．

> カレーライス——肉や野菜をいためて煮こみ，ある種の香辛料の粉末をまぜた黄褐色のどろりとしたものを，ご飯にかけたインド料理．
> 恋ふ（恋をする）——その人といっしょに居ようにも居られない事情・状態で，つらく切ないほど，どうしようもなく引きつけられる．（『岩波国語辞典』第三版）
> スキゾ人間——分裂型人間と訳されているが，要するに，物事をひとつのところからながめることをしないで，あらゆる角度，位置からみる．（中略）熱中することなく，適当な距離をもって接する人間のこと．（ダカーポ増刊『就職のための現代用語 HANDY BOOK』マガジンハウス，1984年）

エネルギーとかエントロピーという言葉になると，それを知ることによってある世界がはじめて「見えて」くる．「表現」どころか，「理解」を可能にしてくれるのである．数学には，そういう言葉がたくさんある．

また余談になるが，日常生活でなら，言葉を知らなくても，行動に訴えて解決できることがある．またまたハンガリーでの経験をひとつ挙げると，私は郵便局をさがして迷ってしまったとき，若いお嬢さんをつかまえて，切手の貼ってない絵ハガキを見せ，"Post, post."といってみた．す

ると彼女は,「ついて来い」と手で合図して,郵便局の前まで案内してくれたのである.その間10分ほど,2人とも一言も口をきかず(きけず),ただニコニコしながら歩きましたが,目的は達成されましたよ.

数学の世界では,そうはいかない.そこで数学者は,言葉の魔術師になり,いろいろな言葉を定義しては,新しい視野を切り開いてゆく.次に言葉の威力を示す,なるべく初等的な例をひとつ挙げてみたい.例によって少し準備が長くなるが,辛抱してつきあっていただきたい(それもよい訓練!?).

2. 再び置換について

置換については前回も述べたが,簡単におさらいしておこう.**置換** (permutation) とは,要するに並べかえのことであって,たとえば図1のようなアミダクジによって定められる.これらを「対応」と考えれば,(a) は

$$\begin{array}{ccc}
アキオ & \longrightarrow & マサユキ \\
テツジロウ & \longrightarrow & テツジロウ \\
マサユキ & \longrightarrow & アキオ
\end{array}$$

ということであるから,次のような「対応表」(関数表)であらわしてもよい.

$$\begin{pmatrix} アキオ & テツジロウ & マサユキ \\ マサユキ & テツジロウ & アキオ \end{pmatrix}.$$

これは,テツジロウは動かずあとの2人だけの入れかわりであるから,**互換** (transposition) といって次のような記

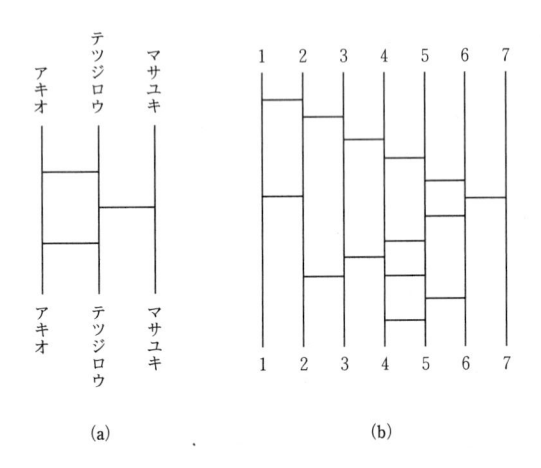

図1 アミダクジが定める置換

数字では味気ない，と思うなら，1，2，3，…をそれぞれアキオ，テツジロウ，マサユキ，タカシ，ヨシヒコ，タケキ，ナオキなど，適当な人名に読みかえていただきたい．

号であらわすことが多い．

$$\begin{pmatrix} アキオ & マサユキ \end{pmatrix}.$$

また (b) が定める置換は次のような対応表であらわされる（ひとつおたしかめいただきたい）．

$$\begin{pmatrix} 1 & 2 & 3 & 4 & 5 & 6 & 7 \\ 7 & 3 & 1 & 6 & 5 & 4 & 2 \end{pmatrix}.$$

このように，アミダクジは（上下に同じ範囲の数とか名前を書き並べれば）必ずひとつの置換を定める．では逆に，

勝手な置換をひとつ与えられたときに、それをあらわすアミダクジが必ず作れるだろうか？　たとえば

$$A = \begin{pmatrix} 1 & 2 & 3 & 4 & 5 & 6 & 7 & 8 \\ 5 & 8 & 6 & 1 & 7 & 2 & 4 & 3 \end{pmatrix}$$

についてはどうだろうか？

前回述べたように、どんな置換でも、いくつかの巡回置換の重ねあわせとみることができる。上の A なら、次のふたつの巡回置換に分解できる。

$$\begin{pmatrix} 1 & 5 & 7 & 4 \\ 5 & 7 & 4 & 1 \end{pmatrix}, \quad \begin{pmatrix} 2 & 8 & 3 & 6 \\ 8 & 3 & 6 & 2 \end{pmatrix}.$$

そして巡回置換は互換に分解できる。それは図2(a)、(b)を見れば明らかであろう（どうぞ追跡してみてください）。

これで置換 A が表現できた、といえるだろうか？　ちょっとズルイような気がする。(a) では数字の並べかたを勝手に変更しているし、(b) では横線の"ジャンプ"を許している。数字の配列は (b) のとおりで、横線は (a) のように、"隣りあう縦線を結ぶ"という、正調アミダクジは作れないだろうか？

それは可能である。それを示すには、(b) の"ジャンプ"つき横線が、正調の横線でおきかえられることを示せばよい。たとえば

(アキオ　マサユキ)

という互換は、図1(a)のような正調アミダクジであらわされているではないか。ここから図3(b)、(c)のような表現法を思いつくことは、さほどむずかしくあるまい。

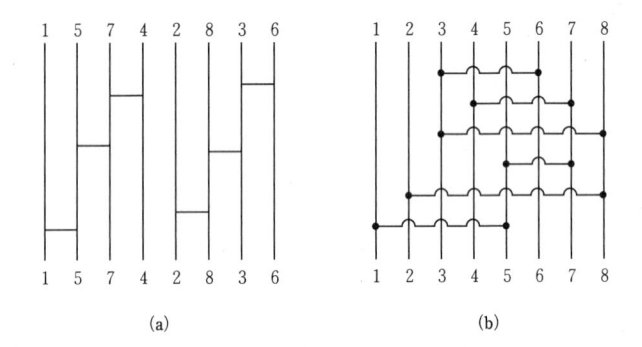

図2 巡回置換の（変則）アミダクジ表現

どの横棒も，ふたつの数の入れかえ，すなわち互換をあらわしている．なお (b) の長い横線は，両端でだけ縦線とつながっているものとする．

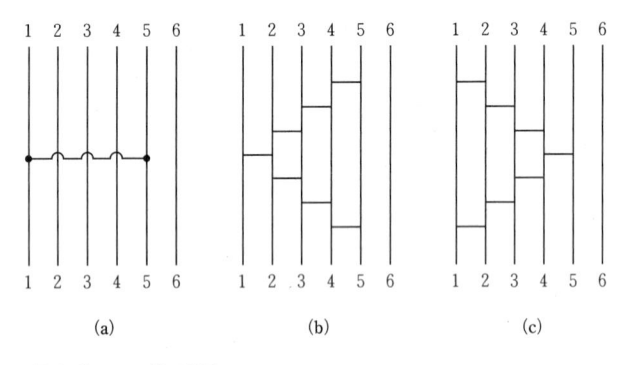

図3 "ジャンプ"の消去

(a) のような横線は，(b) や (c) のような正調アミダクジでおきかえられる．

2. 再び置換について   107

図 4　置換 A をあらわす正調アミダクジ

これらを図2(b)に応用すれば，ちょっと複雑になるけれども，置換Aをあらわす正調アミダクジが完成する（図4）．

注意 図4には誤植があるかもしれません．気をつけてチェックしてみてください．

数$1, 2, \cdots, n$のどんな置換でも，同じような方法で，それを表現する正調アミダクジを構成できる．ところで正調アミダクジのひとつの横線は，隣りあう数の入れかえをあらわしている．そこで，次の定理が成りたつことがわかる．

定理 $1, 2, \cdots, n$のどんな置換も，
$$(j \quad j+1)$$
という形の互換（$1 \leq j < n$）の重ねあわせとして表現できる．

これが前回の宿題であった．
同じようなことが，
$$(1 \quad j)$$
という形の互換（$1 < j \leq n$）についてもいえる——勝手な置換が，この形の互換に分解できるのである．しかしこの形の互換のどれひとつが欠けても，分解できない場合が生じる．

ここでおもしろい問題が発生する．ある互換の組，たとえば

$$(1\ 2),\quad (1\ 5),\quad (3\ 8),\quad (4\ 7),$$
$$(5\ 6),\quad (5\ 7)$$

を考えよう（以下，この組を S と呼ぶ）．そのとき，$1, 2, \cdots, 8$ の

　　　勝手な置換が，これらの互換に分解できる

といえるであろうか？　そのためにはどんな条件が必要だろうか？　上の例については，答はイエスだろうか，ノーだろうか？——ここからが今日の本番である．

3. グラフ理論の応用

さっきの問題を解くためには，ほんのわずかの，新しい言葉が必要である．

定義1 **グラフ** (graph) とは，いくつかの白丸と，それらを結ぶ線分から成る，図5のような図形のことである．

白丸を**節点** (node) といい，節点につけられる，名前（図5の例では数字）を**ラベル** (label) という．また，節点を結ぶ線分のことを，**辺** (edge) という．

グラフは，基本的な構造を図示するのに便利な道具である．たとえばさっき考えた $(1, 2, \cdots, 8$ の) 互換の組 S に対して，次のようなグラフを描いてみよう．

1) 8個の節点を描き，$1, 2, \cdots, 8$ と名付ける．
2) 互換 $(1\ 2)$ をあらわすために，節点1と節点2を結ぶ辺を描く．同じように，互換 $(1\ 5)$ は節点1と

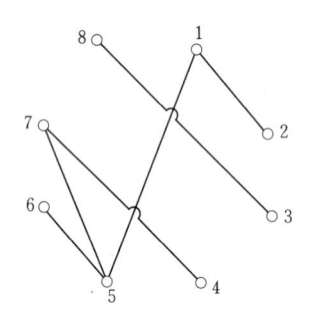

図5 グラフの例
どの辺も、ふたつの節点をつないでいる。辺どうしが接触することはなく、すれちがうところはすべて「立体交叉」と考えていただきたい。

節点5を結ぶ辺であらわす。
一般に、互換 $(i \ \ j)$ を

節点 i と節点 j を結ぶ辺

であらわすのである。このようにして、S の中のすべての互換を表現したのが、図5のグラフである。だからこれを、

互換の組 S をあらわすグラフ

といってよい。どんな互換の組 X も、同じようにグラフで表現できる。

ところで図5のようなグラフを見ると、何となく「辺を辿って、散歩してみる」気は起らないだろうか？ 節点を家、辺を道路と考えれば、1カワ君は5トウさんの家を経由して、7ちゃんのところまで遊びに行ける。さらに足を

のばせば4ノダ氏の家にも行ける．そこで自然に次のような概念が発生する．

定義2 あるグラフが**連結** (connected) であるとは，そのグラフのどの節点からどの節点へも，辺を辿って行けることである．

たとえば図5のグラフは，連結でない——1から2，4，5，6，7には行けるが，3と8には行かれない．節点3, 8を，その間の辺もろとも消してしまえば，残りのグラフは連結になる．

さて，もとに戻って，勝手な置換が，組Sの中の互換に分解できるか（Sの互換の重ねあわせとして表現できるか）を考えてみよう．答はノーである．実際，たとえば

$$\begin{pmatrix} 1 & 3 & 8 \\ 3 & 8 & 1 \end{pmatrix}$$

のような置換がどうしても作れない——Sの中の互換をどのように重ねあわせても，1は図5のグラフの中で行ける範囲，つまり

$$1, 2, 4, 5, 6, 7$$

の範囲でしか動けない．——3と8にはどうしても行かれないのである（ウソだと思ったら，少し手を動かして実験してみると，「できない」ことが必ずわかります）．

この結果は，大幅に一般化できる．今，$1, 2, \cdots, n$の互換の組

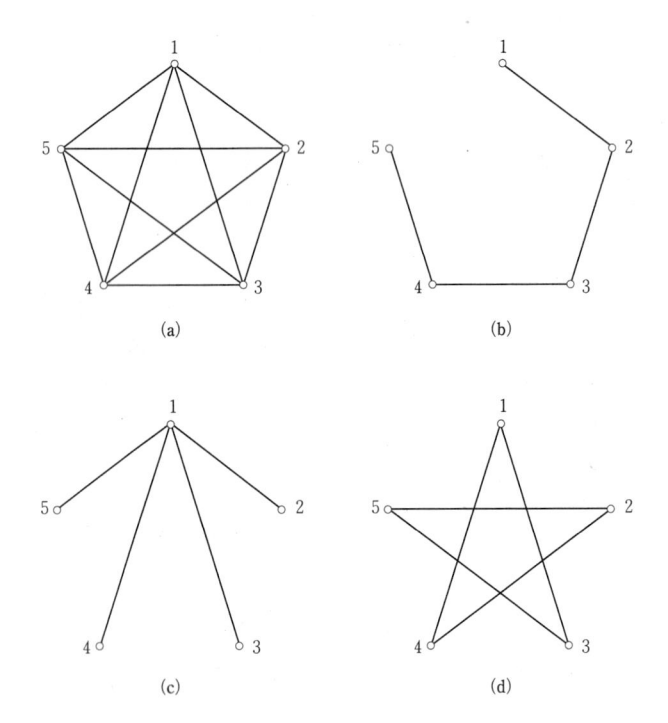

図6 連結なグラフの例

(a) はすべての互換 (i j) の組，(b) は (j $j+1$) 型の互換の組，(c) は (1 j) 型の互換の組をあらわしている．(d) から辺をひとつ取り去った残りも，まだ連結である．

$$(i_1 \ j_1),\ (i_2 \ j_2),\ \cdots,\ (i_t \ j_t)$$

が与えられたとしよう(以下,この組を X であらわす).前と同じように,この組 X をあらわすグラフを描いてみる.すると次の定理が成りたつ.

定理 $1, 2, \cdots, n$ の勝手な置換が,組 X の中の互換の重ねあわせで表現できるための必要十分条件は,次の通りである.

互換の組 X をあらわすグラフが連結である.

証明を考える前に,この定理の威力に注意してほしい.たとえば $n=5$ の場合,図6に示されている互換の組が,どれもこの定理の条件を満足していることは,一目瞭然ではないか! また,言葉の威力にも注目してほしい.「グラフ」や「連結」という言葉なしに,この定理と同じ内容をわかりやすく述べるのは,ほとんど不可能ではなかろうか.それどころか,「連結」という言葉を知らなければ,この定理(と同じ内容)を思いつくこと自体がすでに,きわめてむずかしいことであろうと私は思う.

[附記1] この稿の目的は達成されたので定理の証明までは述べないが,ヒントを述べておこう.
1) 勝手な置換は,互換の重ねあわせとして表現できる.
2) 互換 (1 5), (5 7), (7 4) を重ねあわせて,互

換 (1 4) を作ることができる．

[附記 2] 図 4 には誤植がある――3, 4 の間の，上から 4 番めの横線と 5 番めの横線は不要である．これらはあっても害はないが，図 2 (b) から本文に述べた方法で正しく構成を行なえば，こんな横線は現われない．

第 8 話
空間のセンス

そのときです．ぼくは，なにかがおこっているのに気がつきました．なにかおそろしいことがおこっているのです．ミラミスがまっすぐにかけていくゆく手には，なにもない空間が，ぱっくり口をあけているのでした．橋は，ぷつりとおわっているのです．
——リンドグレーン『ミオよ，わたしのミオ』
大塚勇三訳，岩波書店，1967

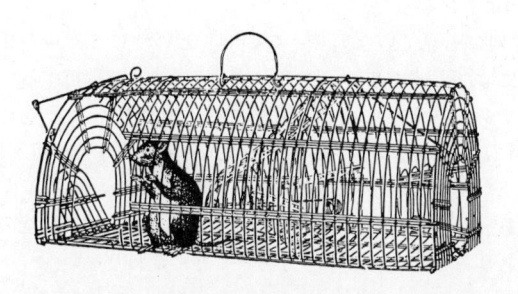

1. 4次元空間の幾何学的イメージ

 数学科の学生でも「4次元以上の空間がピンとこない」といって悩む人がいる．しかしプロの数学者でも，悩む人はいないけれど，4次元以上の空間などは比喩的な意味でしか見えていないようである．アンケート調査などしたわけではないからこれは憶測にすぎないけれど，次のような小話からもおよその見当はつく．

> 「4次元空間が見える」という数学者は世界中に2人しかいない．1人はポントリャーギン，盲目の大数学者で，もう1人は○○○○○，有名なホラ吹きである．

○○○○○さん，まちがっていたらごめんなさい．しかし私に4次元空間が見えないことだけはたしかである．n次元空間などと気安くいうけれど，私が持っている空間の幾何学的イメージは誠に貧弱で，無理に絵を描いてみたら図1のようになった．
 「何にも見ていないじゃないか」というしごく当然な指摘には，「いや，拡がりを感じているんだ」と抵抗するつもりである．それに点とか直線なら，もう少しよく見える（図2）．1次元の中だろうと6次元の中だろうと，点とは
  大きさのない，位置
であって，視覚的には小さな小さな粒，感覚的には空の星でありあなたの瞳の中心であることに変わりない．

1. 4次元空間の幾何学的イメージ 117

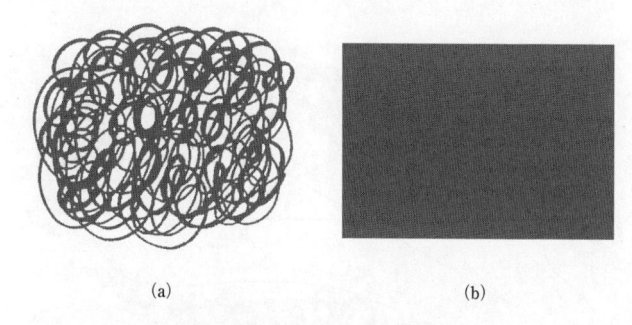

図1 私が見ている n 次元空間

(a) は正直な絵——混沌，(b) は「もっといい絵を描きたい！」と反省してできた絵——闇夜，そこで発見：私も夜になると n 次元空間が見えます！

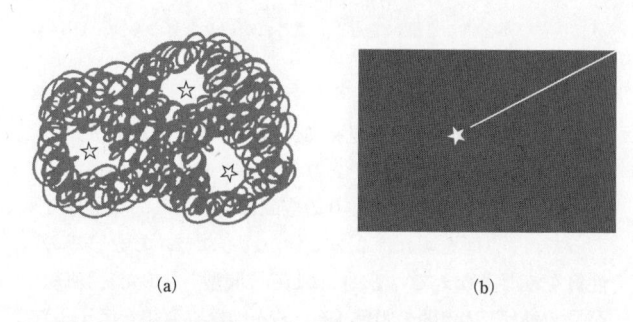

図2 n 次元空間の点と線

(a) 点——それは夜空に輝く星です．「夜空」は見えませんが星は見えます．(b) 線——それは流れ星，運動する点の軌跡です．

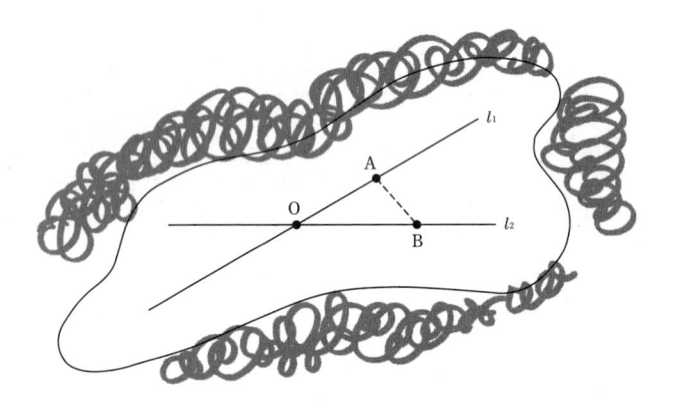

図3 直線 l_1, l_2 は直交するか？

交点 O の上にたって、足下を見下ろす――l_1, l_2 を含む 2 次元平面に"制限"して考えれば、何でもないことである。また l_1 上に A、l_2 上に B をとって、

$$AO^2 + BO^2 = AB^2$$

が成り立つかどうかを調べてもよい（これが成りたつなら ∠AOB＝直角）。

　点が見えれば、直線も見える。2 次元の中でも 7 次元の中でも直線とは点の動きであり、乱暴にいえば長い長い棒のようなものである。まわりの空間はどうあれ、棒は棒であって、1 カ所を切れば 2 つに分かれるなど、おなじみの性質をみなそなえている（なにしろ"同型"なのだ）。直線が見えれば、2 点間の距離（それらをつなぐ直線を考えよ）とか、2 つの直線が「交わる・交わらない」、また交わる場合には「直交する・しない」なども見えてくる（それら 2

つの棒だけに注目して，交点の上に立って見下ろせばわかる——ピタゴラスの定理でたしかめてもよい）．

「それにしても，図2 (b) では2次元と同じではないか」（グサッ！）などといわないでいただきたい．これは3次元（以上）の空間の中の直線を，紙の上に印刷する都合上，やむをえず2次元上に描いたものであり，心暖かい人が見ればこれでも「3次元（以上）の空間の中の直線」なのだ．あなたはこの暗闇の深い奥行きを想像するセンスがおありだろうか？

私には，そのようなセンスはあまりない．もともと想像できないから「暗闇」しか描けないのだ．しかしそれでも，たとえば距離の3角不等式

$$AB+BC \geqq AC$$

などは当然成りたつハズだ，と確信をもって予測することができる．そして何となく n 次元空間が「わかった」つもりになっているのである．

2. 4次元空間の代数的イメージ

私は4次元以上の空間について，幾何学的イメージは貧弱でも，代数的にはかなりはっきりしたイメージをもっている．たとえば4次元空間の具体例として，コサタバ空間というものがある．これはケーキを作るときの材料

コムギコ	a グラム
サトウ	b グラム
タマゴ	c グラム

バター　　　d グラム

の組合せ

$$\boldsymbol{u} = (a, b, c, d)$$

の全体である．ここで a, b 等の値には，極端に大きいものやマイナスはありえないという制約はあるものの，$\boldsymbol{u}$ が 4 次元空間の 1 点であることには違いない（座標 (x, y) が 2 次元空間の 1 点で，座標 (x, y, z) が 3 次元空間の 1 点を表していることを思いだしてほしい）．そして

```
  (125,   10,   50,   30)……1人ぶん
×              5
  (625,   50,  250,  150)……5人ぶん
- (600,  100,  200,  200)……手持ち
  ( 25,  -50,   50,  -50)……不足量
```

などの，いわゆるベクトル演算が意味をもつ．

表 「はちみつと干しぶどうのスコーン」の材料（9〜12 個分）

小麦粉——225 g	砂糖——大さじ 1
ベーキングパウダー ——小さじ 1	干しぶどう——大さじ 2 はちみつ——大さじ 1
塩——小さじ 1/2	卵——1 個
バターまたはマーガリン ——30 g	牛乳——約大さじ 4 打ち粉用の小麦粉——少々

これらをきちんと表現すると，コベシバサホハタギウ空間（10 次元）の点になる．（ケーティ・スチュアート『プーさんのお料理読本』鈴木佐知子訳，文化出版局 (1976), p.14 より引用．)

さて，ある種のホットケーキを作るのに，a, b, c, d の割合が

$$125 : 10 : 50 : 30$$

でなければならない，としよう．いいかえれば

$$\frac{a}{125} = \frac{b}{10} = \frac{c}{50} = \frac{d}{30} \tag{1}$$

ということである．この値（比）を t とおけば，

$$\begin{cases} a = 125\,t \\ b = 10\,t \\ c = 50\,t \\ d = 30\,t \end{cases} \tag{1'}$$

という式が得られる．t を動かせば点 (a, b, c, d) も動き，直線を描く——これは直線の方程式である．

a, b, c, d の単価をかりに，それぞれ

$$0.2,\ \ 0.18,\ \ 0.5,\ \ 2\ (\text{円})$$

としよう．1000 円の予算で何かを作るとしたら，次の不等式が成りたつようにしなければならない．

$$0.2a + 0.18b + 0.5c + 2d \leqq 1000. \tag{2}$$

この範囲でさっきのホットケーキをなるべくたくさん作るにはどうすればよいだろうか．それには等式

$$0.2a + 0.18b + 0.5c + 2d = 1000 \tag{3}$$

と式 (1) とをあわせた，連立 1 次方程式を解けばよい．その計算は省くが，端数が出てもよければひとつの答がきっちり求まる．

等式 (3) が現われる理由は，幾何学的なイメージを利用

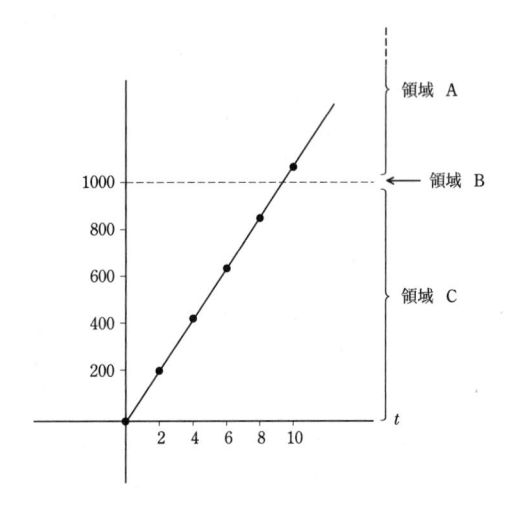

図4 t と領域の関係
t と $y=0.2a+0.18b+0.5c+2d$ との関係．$8<t<10$ の範囲のどこかで，$y=1000$ となるはずである．

すると説明しやすい．4次元空間の任意の点 (a,b,c,d) は，次の条件のどれかひとつを必ずみたす．

$$0.2a+0.18b+0.5c+2d > 1000, \qquad (2a)$$
$$0.2a+0.18b+0.5c+2d = 1000, \qquad (2b)$$
$$0.2a+0.18b+0.5c+2d < 1000. \qquad (2c)$$

いいかえれば空間全体が，(2a) をみたす点の領域 A と (2c) をみたす点の領域 C とに分けられ，その境いめに，条件 (2b) をみたす点の領域 B がはさまる，ということであ

領域A
(Bの上側)

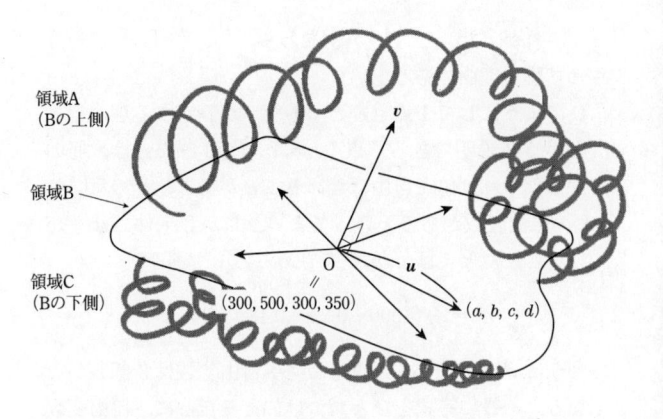

領域B

領域C
(Bの下側)

(300, 500, 300, 350)

(a, b, c, d)

図5 領域Bの幾何学的性質

条件 (3)(=(2b)) は，次のように書きかえることができる．
$$0.2(a-300)+0.18(b-500)+0.5(c-300)+2(d-350)=0.$$
これはベクトル $\boldsymbol{v}=(0.2, 0.18, 0.5, 2)$ と
$$\boldsymbol{u}=(a-300, b-500, c-300, d-350)$$
とが直交することを意味する．このような $\boldsymbol{u}$ の終点 (a,b,c,d) の全体は，$\boldsymbol{v}$ に直交する，Oを含む**超平面**と呼ばれる．

る．1000円しかなければ，買える材料の範囲は領域B, Cであって，領域Aではダメである．

一方，直線 (1′) 上の点は，$t=0$ から出発して t の値を大きくしていくと，最初は領域Cにあるが，やがては領域Bを突きぬけて領域Aに至る（図4）．そこで t をなるべく大きくする（ホットケーキをなるべくたくさん作る）には，領域Bの中で正解をさがせばよい，というわけであ

る．これが (2b) と (1′)(すなわち，(3) と (1))を連立させて解く理由である．

このようにして1点(ひとつの解)が確定する理由は，次のように説明できる．点 (a, b, c, d) の各成分は，何の条件もなければ値を自由にきめることができ，その意味で4個の自由変数があるといってよい．しかし条件 (2b) が加わると，たとえば a, b, c をきめると

$$d = \frac{1}{2}(1000 - 0.2a - 0.18b - 0.5c)$$

のように d もきまってしまうから，自由変数は3個しかなくなる．一般に等式をひとつつけ加えるごとに，自由変数が1個ずつ減るから，(1) の3個の等式をつけ加えれば自由度はまったくなくなる——答は(あるとしても)ひとつだ，といえる．

以上は代数的な直観を利用した説明である(証明で**はない**)が，領域 B がいわゆる超平面であることを利用した，幾何学的イメージによる説明もできる(図5；平面と直線との交点なら，特殊な場合を除いて，1点にキマッテイル！)．

3. センスとは「ただ足ることを知る」こと

人間はものごとを考えるとき，何とか視覚的なイメージを思い浮かべようとすることが多い．ところが人間の視覚は，3次元空間の中の，ある限られた部分に焦点を合わせるようにできている．だからふつうに思い浮かべられるの

はほとんど2次元の像で，3次元的なイメージ——たとえばルービック・キューブの6個の面をすべて同時に思い浮かべることはできない．4次元以上の空間になればなおさら，「ピンとこない」と悩んでいる人が望んでいるような具体的なイメージは，数学者だってもってはいない．

では数学者がルービック・キューブで遊ぶときは，どうするのだろうか．記号化する．慣れるまで自分でもわかりにくいけれども，ともかく全体のようすを表現する記号法を発案して，それでものごとを考えるのである．

4次元以上の空間の場合には，「空間の記号化」というよりも，むしろさきに記号・数式があって，あとから

$(x_1, x_2, \cdots, x_n)$ ⟷ 点，
(1) のような式 ⟷ 直線，
(3) のような式 ⟷ 超平面，
自由変数の個数 ⟷ 次元

のような粗雑な対応関係を想定した，という趣きが強い．そのようにして幾何学的なイメージもある程度利用でき，比喩的に「空間」と呼ばれたりするが，実体は数と式なのである．

結局のところ数学者の強みは，4次元以上の空間について「視覚的には貧弱なイメージしかもてなくても，悩まない」という鈍感さにあるらしい．しかし視覚的なイメージがなくても，まったく代数的な計算によって，われわれ数学者はたくさんのことを証明してきた．そしてごく貧しいイメージが，ある場合には明快な見通しを与えてくれるこ

とも、たくさん経験してきた．われわれは特別の感覚器官を与えられているわけではなくて、ただわずかなヒントに満足することを知っているのである．

　皆さん，欲張りさえしなければ，「無限次元空間」の概念だってチョロイものですよ．

第9話
美的センス

> わたしが一番きれいだったとき
> わたしはとてもふしあわせ
> わたしはとてもとんちんかん
> わたしはめっぽうさびしかった
> ——茨木のり子『見えない配達夫』飯塚書店，1958

1. 「美しい」ということ

第 8 話を要約すれば

　　　吾唯足ること知る
　　　（われただ）

となる．これは「数学に弱い」とまちがって思いこんでいる人々の，不必要な劣等感を軽くするにはなかなかいい標語ではなかろうか．ところが意図に反して，どうも「数学に強い」と思っているある人々の，不必要な優越感を損ねてしまったらしい……などと書けばなお叱られるにきまっているが，ともかくある友人から次のような抗議をいただいた．

　これでは要するに「数学屋は鈍感だ」ということではないか．それでは片手落ちだ．数学者はある面でひじょうに鋭敏な感覚をもっているので，だからこそ本質的でないことを無視できるのだ．「気にしない」という消極的な面ばかり強調するのはよくない．

1. 「美しい」ということ

では数学者が鋭敏な感覚をもっているのは，どんな面についてなのだろうか？——それをうまく表現してくれるのなら，すぐさまこのあとを引きついで，かわりに書いてもらえるのだが，残念ながらなかなかそうもいかない．議論をするとすぐ出てくるのは「美的センス」という言葉であるが，私にはその言葉の実体がよくわからない．だからうまく説明できないし，相手も私にわかるようには説明してくれないのである．

たとえば，次の定理は昔から「美しい」とされている（高木貞治『代数学講義』共立出版，72 ページ：「イズレモ，イワユル美シイ定理デ，簡単デ且ツ興味ガ多イ．」）

> 複素係数の多項式 $f(z)$ の係数の実数部と虚数部とを分けて $f(z)=U(z)+iV(z)$ とする．
> [定理] 方程式 $f(z)=0$ の解の虚数部の符号がすべて同一ならば，$U(z)=0$ の解も $V(z)=0$ の解もすべて実数である．

しかしこれが本当に「美しい」といえるのだろうか？ 私にいわせれば，これに「美しい」という言葉をあてたりするのは，パウル・バドゥラ＝スコダとウィーン・フィルのメンバーによるシューベルトのピアノ五重奏曲をきいたことがなく，ミケランジェロのダヴィデ像を見たことがなく，『めぞん一刻』の五代君のように「か…かわいいよな

…」とも思ったこともない人にちがいない.

とはいうものの,私も上のエルミートの定理は「みごとだ」とは思う.簡単明瞭,すばらしい.エレガントだ,といってもよい.

ここで反論が出るかもしれない.「エレガント」などという言葉をここで使ったりするお前は,グレース・ケリーに会ったことがなく,高級ナイトクラブにも行ったことがなく,エレガンスの例としてグレース・ケリーとナイトクラブなどしか思いつかないくらい理解が貧弱なのだろう.まさに図星であるが,私がいうエレガントとは,「上品なさま,優雅なさま」という意味ではない.『数学セミナー』誌上でおなじみの「エレガントな解答をもとむ」におけるエレガントで,

> すっきりした,よく整理されていて簡単な
> (of ideas) neat and simple

という意味である(ロングマンの『現代英語辞典』による).

しかしそれなら,「美しい」という言葉を「エレガント」と同じ意味で使ってもさしつかえないのではなかろうか?「同じ」ではなくても,「数学的にみごとだ」といいたいときに,「すごい」,「ワーオ」,あるいは「美しい」といったっていいではないか.私が愛用しているロングマンの辞書では,beautiful(美しい)の意味として very good(とてもよい)が挙げられており,次のような例文がのっている.

>   Your soup was really beautiful.
>   (お前さんのスープはほんとにすばらしかったよ．)

「美しい」という言葉をこのようにちょっとずらしてよいのなら，私も「美しい定理」とか「美しい証明」のようないい方に反対しない．それどころか，マネをしてどんどん使いたいくらいである．しかし
　　　美しい ＝ 数学的にみごとだ
とおいただけでは，
　　　美的センス ＝ 数学的センス
ということになってしまう．数学的センスを分析している間に美的センスという言葉に出会ったのに，これでは逆戻りである．

そこで角度を変えて，数学者はどんなことを喜ぶか，を分析してみよう．そのことによって，不完全ではあっても，数学者がいう「美的センス」の実体が少しは見えてくることを期待している．

2.「わかる」ことの喜び

数学が好きだという人の中で，その理由として「わかったときのうれしさ」を挙げる人は少なくない．実際，プロの数学屋でも自分で考えて「わかった」ときのうれしさはまた格別である．他の人から，たとえば
　　　円周率の小数点以下1000万桁めの値は7である　　(1)

などと教わってヘエーと思ったときとは感慨の質が全く異なる．

　私が何かのひょうしに気付いてうれしかったのは，「モロッコの港町カサブランカとは，"白い家"という意味だ」ということである．スペイン語をご存じの方にはおもしろくも何ともない話であろうが，私はイタリー語のカーサ・ドーロ（ヴェネツィアにある，黄金 oro の家 casa）と，フランス語のヴァン・ブラン（白 blanc ぶどう酒 vin）から思いついた．その後研究社の『新英和大辞典』でたしかめたところ，「(原義) white house」という説明があって，問題集の解答のページを見て自分の答が正しいとわかったときのように，うれしかった．

　ところで，何でもわかればうれしいかというと，そうでもなさそうである．

$$225 \times 479$$

の答は

$$107775 \qquad (2)$$

であるが，そうとわかったところで，自分の手で出した答ならまだしも，電卓で計算したときなどはうれしくも何ともない．さっきのカサブランカの例では，単なる地名，それ自体は意味がないと思っていた文字の列に，意味がつけられたところが，でたらめな掛け算の答とはちがうようである．

　「意味がつく」とは，「さらに深いものが見えてくる」——まっ白な壁の家々という視覚的なイメージとか，白や

(a) 内角と外角

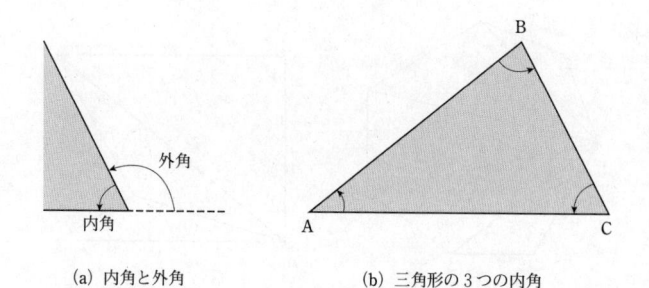

(b) 三角形の3つの内角

図1 3角形の内角

∠A+∠B+∠C=180°（つまり，2直角）である．

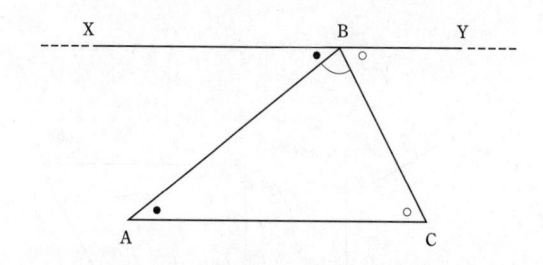

図2 3角形の内角の和

XYはACと平行であるとすると，平行線の性質から，∠A=∠BAC=∠XBA，∠C=∠BCA=∠CBY，ゆえに ∠A+∠B+∠C=∠XBA+∠ABC+∠CBY=180°．

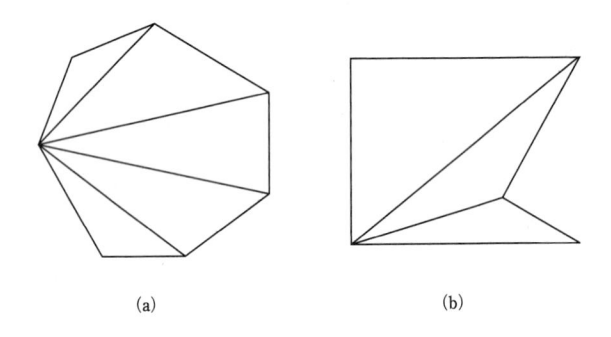

図3 多角形の3角形分割

(a) の7角形は，5個の3角形に分割でき，それらの内角の総和が，もとの7角形の内角の和になる．□角形は (□−2) 個の3角形に分割できる（本当だろうか？）．

図4

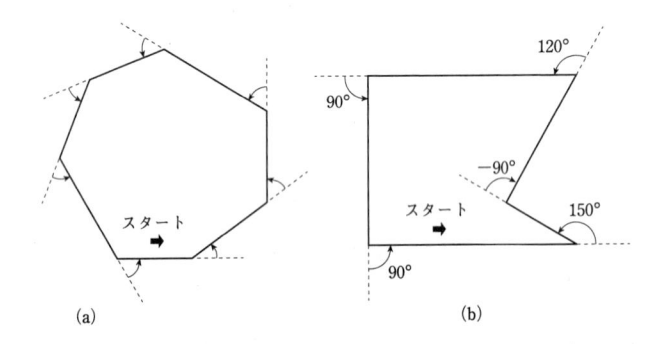

2.「わかる」ことの喜び

家に結びつく感性の世界につながる，など——ということである．それは数学の中でも，よく経験することである．たとえば

   3角形の内角の和は2直角である．   (3)

という性質（図1）でも，知識として教わってしまえばそれだけの話であるが，図2のような証明を見せられて，「ああ，なるほど」とわかれば，また感じが変わってくる．これは偶然的なできごとや

$$225 \times 479 = 107775$$

のような個別的な事実ではなくて，すべての3角形について当然成りたつ一般法則なのだ，ということがよくわかる．

 では4角形，5角形，……，□角形の場合はどうなのだろうか？——こういう好奇心の持ち方も，数学的センスのひとつかもしれないが，そのことは，今はさておいて，事実を述べると次のようになる．

   4角形の内角の和は，4直角
   5角形の内角の和は，6直角
   6角形の内角の和は，8直角
   …………………

一般に，

   □角形の内角の和は，$(2 \times □ - 4)$直角   (4)

である．どうしてだろうか？

 これらの事実は，図3のような"3角形分割"を使って証明できる．しかし次の事実を利用してもよい．

□角形の外角[1]の和は，いつでも4直角である．(5) □が3だろうと7だろうと関係ない．この事実そのものは，図4のようなコースを自動車で一周することを考えれば，一目瞭然である．左へ左へとハンドルを切りながら（方向を何度か変えながら）もとの地点に戻る（もとの方向に戻る）としたら，変更した角度の合計は360°，つまり4直角にきまっているではないか！

ところで，ひとつの**曲りかど**での内角と外角の和は，もちろん2直角である（図1）．したがって，□角形の内角・外角の総合計は

$$2 \times \square \quad 直角$$

になる．したがって

内角の和 ＝ (内角・外角の総合計) − (外角の和)
　　　　＝ $(2 \times \square - 4)$ 直角

となる！

この証明はまわりくどいが，私は好きである．ではどこがよいか．途中で使っている性質(5)がよい．私の美的センスによれば，これは性質(4)より簡単明瞭，つまり美しい．証明も（車を運転する人間にとっては）直観的に明瞭で，気がきいている．さらに，このような証明によると，

$$2 \times \square - 4$$

の各項に具体的な意味がつく．何となく「そういうことだったのか」と，今まで知らなかったことが「わかった」よ

---

[1] 外角については，133ページ図1 (a) を参照．

うな気がする．

3. より深く「わかる」ために

　数学者は，性質 (1), (2) のような個性記述的事実よりも，性質 (3), (4), (5) のような法則定立的・一般的事実の方を好む．一般的事実の間にも階層があって，(3)（3角形の内角の和）よりも (4)（多角形の内角の和）の方がより一般的である．また私の趣味によれば，(4) より (5) の方が簡潔で，本質をついている，という気がする．そして，一度「わかった」と思ったことでも，より本質的な立場からの証明を読んで「ああそうだったのか」とあらためて感動することがある．次に，もうひとつ別の例を示そう．まず，解析学の基本である次の定理を見ていただきたい．

　定理（中間値の定理）　実数関数 $f(x)$ が区間 $a \leq x \leq b$ で連続ならば，$f(a)$ と $f(b)$ の中間にある任意の値 c に対して，a と b の中間の値 ξ を適当に選べば $c = f(\xi)$ となる．

　ご存じの方も多いと思うが，これは数値解析でも役にたつし，直観的にもわかりやすい，大切な定理である．しかしこれは，一般位相の立場からは，次の定理の特殊な場合と見ることができる．

　定理　連続関数は連結性を保存する．

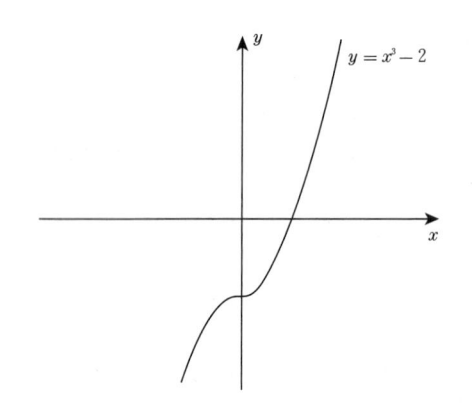

図5 中間値の定理の応用

$f(x)=x^3-2$ とおくと，$f(0)<0<f(2)$ である．したがって，$0<\xi<2$ の範囲に $f(\xi)=0$ をみたす ξ（2の3乗根）が存在する．

すなわち「f が連続で A が連結ならば $f(A)$ も連結」ということであるが，「連結」の詳しい定義はここでは述べない．ただ，それでも「一般的でエレガント」という感じはおわかりいただけると思う．こういう一般的な性質に含まれていることがわかると，前の定理の本質的な部分が何であったのか，が見えてくる．ちょうど，一本の木の下で遊んでいた子供が，大きくなって丘の上から見おろしてみたら，「あれは小さめのカキの木であった」とわかってちょっとえらくなったような気がするのと似ている．

では，より深く「わかる」喜びを味わうために，数学者

はどうするか．今まで知られている理論を拡張する．それには「応用の範囲を拡げる」という実利的な意味もあるけれども，「前にできたことが，もっとよくわかる」という意味もある．私が論理関数族の研究に端を発して，多値論理関数族の研究に踏みこんでいったのは，もっぱら後の意味が強かった．

ここで振り返ってみると，数学的に美しいということの実体も，いくらかは見えてきたようである．ひとつの要件は

　　　一般性がある

ということで，「666という数の特徴」というような数秘術的・個別的な性質は，いくらおもしろくても，美しいとはいえない．また，ゴタゴタとむずかしい条件がたくさんついているのは，それだけ一般性が損われているわけで，やはり美しいとはいえない．「……はすべて……だ」式の，

　　　簡単明瞭

なものがいいのである．むずかしげな定理の方が好きな人は「趣味が悪い」といってよい．その上さらに応用の機会が多ければ，個人的愛着が増すわけで，ますます美しく見えてくる．関数論のコーシーの定理などは，そういう意味で美しい定理のひとつではなかろうか．

けっきょく，美しい数学とは，大切なこと，しかも，一般性のあることを，すっきりと，ムダのない言葉で述べたものである．美しい数学とは，つまり詩なのです．

第10話
知的センス

「さいごのへやには, いったい, なにがあるのだろう. あけさえすれば, みられるのに……」おもいきってセベリは24ばんめのかぎを, じょうにさしこみ, 重いドアをさっとあけた.
　　　　——ボウマン, ビアンコ『かぎのない箱』
　　　　　　瀬田貞二訳, 岩波書店, 1963

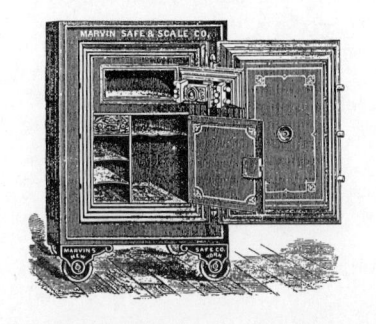

1. センスと個人差

第9話では,数学的な美しさのひとつの要件として,
　　　　簡単明瞭
ということを強調した.今回は最初に補足として,
　　　　世はさまざま
ということをつけ加えておこうと思う.標準あるいは平均と少しばかり違うからといって,クヨクヨする人が世の中に多いらしいからである.

世の中の違ったタイプの数学者たちを次々と紹介するのでなく,まったくかけはなれた人物を1人だけとりあげるとしたら,うってつけなのはラマヌジャン (Srinivasa Ramanujan, 1887-1920) であろう.インドが生んだこの天才数学者は,簡単明瞭な一般的法則だけに惚れこんだりはしなかったようで,複雑怪奇な等式をたくさん残している.次に彼が独学で発見して,ハーディ (G. H. Hardy, 1877-1947, ケンブリッジ大学教授) を驚かせたという定理をふたつほど引用してみよう.

(1) もし

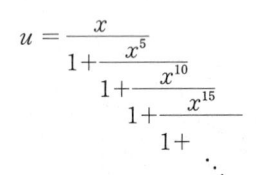

$$u = \cfrac{x}{1+\cfrac{x^5}{1+\cfrac{x^{10}}{1+\cfrac{x^{15}}{1+\cfrac{}{\ddots}}}}}$$

でしかも

$$v = \cfrac{x^{1/5}}{1+\cfrac{x}{1+\cfrac{x^2}{1+\cfrac{x^3}{1+\cfrac{}{\ddots}}}}}$$

ならば,

$$v^5 = u\frac{1-2u+4u^2-3u^3+u^4}{1+3u+4u^2+2u^3+u^4}.$$

(2)

$$\cfrac{1}{1+\cfrac{e^{-2\pi\sqrt{3}}}{1+\cfrac{e^{-4\pi\sqrt{3}}}{1+\cfrac{e^{-6\pi\sqrt{3}}}{1+\cfrac{}{\ddots}}}}}$$

$$= \left(\frac{\sqrt{5}}{1+\sqrt[5]{5^{3/4}\left(\frac{\sqrt{5}-1}{2}\right)^{5/2}-1}} - \frac{\sqrt{5}+1}{2}\right)e^{2\pi/\sqrt{5}}.$$

なお蛇足ながら

$e = 2.7182818\cdots\cdots$ (自然対数の底),
$\pi = 3.1415926\cdots\cdots$ (円周率),
$\sqrt{3} = 1.7320508\cdots\cdots$,
$\sqrt{5} = 2.2360679\cdots\cdots$

である.

皆さんはこれらの等式を見て,どんなふうに感じられた

であろうか？　私の率直な感想は,「いやー,マイッタマイッタ」である.最近覚えた「どないせえちゅうねん」という言葉を使ってみたい気もちょっとした.この方面の専門家であるハーディ教授の感想はだいぶ違っていて,およそ次のとおりである (J. R. Newman, 'Srinivasa Ramanujan', in J. R. Newman ed., *The World of Mathematics*, vol. 1, Simon and Schuster, 1956).

> これらの公式にはまったくびっくりした.私はこれらにほんの少しでも似たものを見たことがない.これらは一見しただけで,第一級の数学者でしか書けないものであることがわかる

たぶん,見かけは悪くても,「いいものはいい」のだ——さしあたりの目的にはここまで引用すれば十分なのであるが,そのあとがふるっているのでついでに引用しておこう.

> これらは正しいにちがいない.なぜなら,もし正しくないとしたら,こんなものを発明する想像力の持ち主はいないであろう

ハーディも,すぐには正しいかどうかがわからなかった！
　ラマヌジャンが他の数学者たちとかけ離れていた特質のひとつは,彼が直観を重んじて,厳密な証明にこだわらな

かったことである．実際，彼自身にも客観的な説明ができずに「夢の中で女神ナマジリに啓示された」という場合もしばしばあった（そういう定理の多くは誤りであったという）．

もうひとつの特質は，ラマヌジャンが数の個性に親しんでいたことである．その点について有名なのは，入院中のラマヌジャンをお見舞いにいったハーディの，次のような小話である．ハーディが乗ったタクシーの番号は1729であった．これはハーディにはごく平凡な数に見え，「不吉な数でなければよいが」といったところ，ラマヌジャンは次のように答えたという．

> とんでもない，それはとてもおもしろい数です．1729は，ふたつの立方数の和としてふたとおりにあらわせる，最小の数ですから

すなわち
$$1729 = 1^3 + 12^3 = 9^3 + 10^3$$
ということである（1728までの自然数は，このようにふたとおりにはあらわせない）．ひょっとするとラマヌジャンは1から9999までのすべての数の親友で，どのひとつが軽く見られるのも好まなかったかもしれない．

ところでハーディはラマヌジャンに，彼自身の言葉によれば「当然（自然に，naturally）」，4乗についての同じ問題，つまり

$$N = x^4+y^4 = p^4+q^4 \qquad (1)$$

をみたす最小の自然数 N を知っているかどうか尋ねてみた．ラマヌジャンはちょっと考えてから，「すぐわかる例が見あたらないので，きっとうんと大きいに違いない」と答えた．実際，正解は 635318657 なので，さすがのラマヌジャンにも即答できなかったのである．

2. 一般化のセンス

ラマヌジャンは極端な例外である．彼のような「オイラー，ヤコービ以来の眼力の持ち主」（E. T. ベル）ならば許されもしようし，アマチュアならば当然許されることではあるが，わざわざマネには及ばない．ハーディも，ラマヌジャンの仕事には「最も偉大な仕事にそなわっている単純さ，必然性が欠けている」と指摘し，「奇妙さが少なくなれば，もっと偉大になったろう」ともいっている．

ハーディは典型的な数学者であったから，彼のセンスは参考になる．そして，ホフスタッターが注意しているように，ハーディがどうして問題 (1) に「自然に」とびついたのかは，考えてみるとおもしろいのである．

もともとの方程式

(0)　　$N = x^3+y^3 = p^3+q^3$

は，いろいろな方向に拡張・変形できる．

(1)　　$N = x^4+y^4 = p^4+q^4$

(2)　　$N = x^2+y^2 = p^2+q^2$

(3)　　$N = x^n+y^n = p^n+q^n$

(4) $N = x^2+y^2+z^2 = p^2+q^2+r^2$

(5) $N = x^3+y^3+z^3 = p^3+q^3+r^3$

(6) $N = x^4+y^4+z^4 = p^4+q^4+r^4$

(7) $N = x^3+y^3 = p^3+q^3 = u^3+v^3$

(8) $N = x^3+y^3 = p^3+q^3+r^3$

(9) $N = x^3 = p^3+q^3$

(10) $N = x^3 = p^2+q^2$

たとえば (3) は,自然数 N が

　　　　ふたつの n 乗数の和としてふたとおりにあらわせる

ことを示しているつもりで,「そのような最小の N を求めよ」というのが問題である. また (7) は, N が

　　　　ふたつの立方数の和として3とおりにあらわせる

ことを示している. ほかに,式の形は (0) のままで,数の範囲を自然数から整数(あるいは複素整数)に拡張することも考えられる.

　これらのうち,最も自然な拡張はどれだろうか? (8)〜(10) は対称性に欠けるから,どうも人工的・作為的で,不自然であろう(それに, (9) は自然数解をもたない!). (4), (6) は複合的だとすれば,自然かつ単純な拡張は (1)〜(3) か (5) か (7) であろう. しかし (2) は

$$50 = 5^2+5^2 = 7^2+1^2$$

のように簡単な例がすぐ見つかってしまうからあまりおもしろくない(0を含めてよければ, $3^2+4^2=5^2+0^2$ が最小!). また, (3) の一般解を求めるのはむずかしすぎる.

このように消去してゆくと，(1) と (5)，(7) が残り，これらの間ならかなりの人がハーディ同様，(1) を選ぶであろう．なぜか——数字3を4に書きかえるだけで，簡単だ，などと理くつをつけるとそらぞらしくなってしまうが，要するにこちらの方がよいと，多くの人々の感性が命ずるのである．実はほかの選択肢を捨てるのにも，理くつはいらない．ハーディでなくても，直観的に（まさに「自然に」）拡張 (7) を捨てる人が多いと思う．

　ここで働いている知的センスは，いろいろな点で，音楽のセンスとよく似ている．まず第一に，個人差が大きく，実は (5) や (7) を選ぶ人がいても驚くにはあたらない．また主流も時代によって変わる．昔は幾何学的・図形的センスが重要であったのに，やがて代数的・形式的センスが優位に立ち，最近はさらに抽象的な構造的センスが主役になったようである．一方，それにもかかわらず，自然淘汰に耐えてきた普遍的な部分——大多数の人々に共通な何かも存在するらしい．プロとしてはユニークさを主張するだけでは売れないので，大多数の人々（少なくとも多数の専門家）の共感を呼べる，「よい」センスをもたなければならない．決して「楽しんでいればそれでよい」というわけにはいかないのである！

3. 証明と好奇心

　大多数の数学者に共通するセンスの特質としては，ラマヌジャンには申しわけないけれども，

3. 証明と好奇心

　　　証明を重んずる
ということが挙げられる．例外はいろいろあるにしても，ブルバキがいうとおり，
　　　ギリシャ以来，数学を語るものは証明を語る
のである．そこで当然私も，証明について語らなければならない．

証明とは何だろうか？　国語辞典ふうにいえば
　　　ある言明が「正しい」ことを明らかにすること
である．しかし「正しい」とわかっているなら，それでよいではないか？　なぜわざわざ，それを「明らか」にしなければならないのだろうか？　証明とは，何のためのものなのだろうか？

この問に答える前に，次のような言明をごらんいただきたい．

(1)　ガイア（大地，原初の母神）はまず星をちりばめたウラノス（天，父神）を産み，またウラノスによって無数の神々を産んだ．しかしウラノスは他の者たちを憎んでガイアの体内に閉じこめたので，ガイアは苦しみうめいた．末子クロノス（時）はガイアに励まされてウラノスを追放する．そこで天は地から永久に身をひいた．

(2)　はじめに神は天と地とを創造された．それから「光あれ」と言われて光を創造し，光と闇とを分け，陸と海とを分けられた．また神は生きものを創造し，土の

ちりで人を造り，人のあばら骨をひとつとって女を造られた．
(3)　万物は水から成る．
(4)　万物は火・水・風（空気）・土から成る．
(5)　丙子(ひのえね)生まれの男性は，言葉遣いが早口で落ち着きに欠けます．暇があるより忙しい方が性にあっていて，美と高級を求めるので，恋人には浮気に見えますが，芯は責任感が強い人です[1]．
(6)　丙子生まれの男性は，ユニークな発想をします．頭の回転も速く，美しいものへの憧れの強い人です．あくせく努力するよりも，気に入ったところでのんびりしていたい人です[2]．
(7)　2点を通る直線はただひとつである．
(8)　2等辺3角形のふたつの底角は相等しい．
(9)　3角形の内角の和は2直角である．
(10)　4以上の偶数はどれも，ふたつの素数の和としてあらわすことができる．

そこで問題．これらは正しいだろうか？

言明(1)はギリシャ神話，言明(2)は旧約聖書に基づ

---

1) 東洋運勢学会監修『十二支運勢宝鑑・子』勁文社，1983年版より．
2) 同上，1984年版より．ついでに引用すると「子年生まれの女性は，しっかり者で面倒見のよい世話女房型です．世話事には細かい心遣いをしますが，些細なことは気にしません」とのこと．

3. 証明と好奇心

く．これらが文字通りに正しいと思う人はいないであろう．言明 (3) はターレス，(4) はエンペドクレスによるが，これらも荒唐無稽の珍説のように見える．

しかし比喩的な意味でならば，どうだろうか？ (1) は要するに「原初の物質が分裂（大爆発?／ビッグ・バン）して現在の宇宙ができた」ということの文学的表現であり，(2) が「神の意志によってこの世界ができた」ことを表明しているのだとしたらどうだろうか？ これらの真偽を決定するのは容易でなく，おそらく「信ずるか，否か」を迫られることになるであろう．客観的真偽はともかくとしてこれらの言明の語り手たちは，これらを真実として語っていた——神話とか教義 dogma とは，そういうものである．

しかし (3), (4) は違う．ターレスは自説 (3) を正しいとは（おそらく）思っていなかったし，少なくとも，正しい教義として弟子たちに押しつけはしなかった．ではターレスは何がいいたかったのか．——ここからさきは，

　　　田中美知太郎『西洋古代哲学史』弘文堂

の受け売りになるし，拙著『π の話』(岩波書店) の中で触れたこともあるので気がひけるのだけれど，私の大好きな話であり，またこの際大切なことでもあるので，私流に脚色して述べさせていただきたい．

ターレスはそもそも，

　　　万物は**本当**は何からできているのか

を知りたかったのである．たしかめようのない天地創造の過程ではなく，現在ある天地の万物が，はたして何ものな

のか,「真実は何か」を**問題として**とりあげたのであった.しかし当時の技術では,この問題を実験的に解決することはとてもできなかった.そこで彼は,言葉によってこれを追求した.「万物は水から成る」(Everything originates from the water.) という有名な説は,そのためのたたき台で,現代の用語でいえば,思考実験のための**仮説**にほかならない.

この仮説 (3) は,たたき台としてはよくできている,と私は思う.どんな生きものも水によって成長し,死ねば分解して,雨に流されてゆく.「すべてのものがそこから生じ,またそこへと崩壊してゆく始源(アルケー)がもしあるとしたら,水はぴったりの候補ではなかろうか.

しかしターレスの仲間たち・弟子たちは,ターレスの意図をよく理解していたので,言明 (3) を教義としてうけ入れるようなことはしなかった.そしてターレスの**問題**をひきついで,「万物は本当に水から生じ,水に還元されるのだろうか」を考えた.そして冷たくて湿った水から,それと正反対な熱いものや乾いたもの,たとえば火が生成するとは考えにくい,という欠点を指摘した.そこで「冷熱・乾湿いずれでもない,中間的なもの」たとえば霧からすべてが生ずる(アナクシメネス)と考えてみたり,「生成変化が本質」(ヘラクレイトス),「変化しない4種の元素の混合」(エンペドクレス)等々の説に発展していった.これこそ科学の始まりである.

前に戻って,言明 (5), (6) はどうだろうか? 丙子生

まれの男性はのんびりしたいのか，忙し好きなのか，どちらが正しいのだろうか？——と考える人はいても，「なぜ」正しいのか，その根拠は，などと考える人は，まずいないだろう．占いに対しては期待や願望はあっても，「真実は何か」というギリシャ的な知的好奇心はない．だから「正しければよい」というよりは，実は「正しいと思いこめさえすればそれでよい」ので，権威に頼ったり，新聞・雑誌の記事に頼ったり，おみくじに頼ったりすることになる．

一方，知的好奇心があるところでは，権威や占いなどに頼らず，根拠を問いあう態度が生まれる．そこで当然，「証明を重んじる」ことになる．もちろん万物の起源のようにむずかしい問題だと，証明といってもごく部分的な「傍証」とか「状況証拠」の域を出られない．また言明 (7) のようにあまりにも自明な事柄だと，それ以上「明らかにしろ」といわれても困ってしまう．それでも言明 (8), (9) などは，何とか証明できた．そこで証明の訓練を積み重ねた人々は，言明 (7) などを無条件の真実——**公理**として認め，ほかの言明をそれらに基づいて証明することにした．それがユークリッド幾何学である．

言明 (8) の証明も，ターレスに帰せられている．これだけ切り離して見ると，「経験的に自明な事柄をわざわざ証明した」だけのように見えるかもしれないが，彼の大計画において見れば

　　　　数学も科学だ

という宣言ともとれる．そして実際，数学は証明が厳密に

行なわれる模範的な精密科学として発展し，自明でないどころか思いもかけない事実が数多く証明されてきたのであった．

　　知的好奇心のないところに，本当の科学も本当の数学もない．
　　知的好奇心のあるところでは，当然，証明が重んじられる．

今回は，これらを結びの言葉にしよう．

第11話
公理について

カンというのは，一つの仮説でしょう．
あるいは仮説というのは，カンを基にして生まれるものでしょう．だから，仮説を立てられないようでは，仕事にしろ，何にしろ，新しいことはできないと考えていい．

　　　　　——米長邦雄『人間における勝負の研究』
　　　　　　　　祥伝社，1982

1. 証明と発見

　数学者は「証明を重んずる」ということを前に述べた．しかしそれは「証明できさえすれば何でもよい」とか，「証明できなければどうしようもない」ということではない．クダラナイことをていねいに証明してみても，やっぱりそれはクダラナイことであるし，すばらしいことを発見した人は，たとえそのことの証明が完全にはできなかったとしても，賞讃されるべきである．場合によっては「発見」でなくても，「予想」であってもよい．

　このようなことは一般社会ではあたりまえであるから，ここでその理由を説く必要もあるまい．しかし「数学は別で，証明されなければ無意味である（らしい）」と思っている人もいる（らしい）ので，「数学でも同じだ」ということを，大数学者の言葉を借りてはっきりさせておこう——そこで登場する大数学者は，ギリシャの生んだ大天才，アルキメデス（Archimedes 287頃-212 B. C.）である．

　ここで私は，アルキメデスの紹介を書いておきたい衝動に駆られる．ニュートン，ガウスと並ぶ，天才中の大天才．シラクサの王，ヒェローンの親戚にして親友で，名誉欲や権勢欲から自由であった生まれながらの貴族．なりふり構わず，時々無理に浴場につれて行かれるとかまどの上に幾何学の図形を描き，油を塗られた体に指で線を引いて，夢中になっていたという．入浴中に浮力の原理（液体中の物体はそれが排除した液体の重さだけ軽くなる）を発見し

1. 証明と発見

て，うれしさのあまりストリーキングをやったという話はどなたもご存じであろう（ついでながら裸で走ることは古代オリンピック競技会で行なわれていたから，アルキメデスが元祖ではない）．

プルタルコスの英雄伝（「マルケルス」の項）によれば，アルキメデスは「自分自身の実際的な発明を心から軽蔑していた」という．これはあちこちに引用されている話ではあるが，私にはちょっと信じられない．あの自由な精神の持ち主が，合理的な理由もなく「軽蔑する」ことなどあるだろうか？　英雄伝が書かれた2世紀初め頃，彼はすでに伝説上の人物なのである．

> 誰でも証明を求めながら自分の力では見出すことができない場合にも，この人の教えをきくとたちまち，あたかも自分で見出したような気がする．それほど滑らかで速やかな道が証明された結果に導いていくのである．（河野与一訳『プルターク英雄伝』（四），163ページ，岩波書店から，仮名づかいを改めて引用）

ほかに「ひとつも書きものを残そうとしなかった」という記述があるが，これも正しくない．しかしシラクサを攻めたローマの軍勢を，投石機と起重機のようなもので悩ませたというところは史実に近いらしく，迫力がある．

> 会議の結果，できれば夜になってからまた城壁に近

づこうということにきまった．アルキメデスの使っている綱は勢いを持っているからそれの放つ石は頭の上を飛んで行くようになって，……全然役に立たなくなると考えたのである．ところがアルキメデスは恐らくずっと前からそれに対する準備をして，……敵からは見られずに近くで敵を撃つことができるようにしてあった．（前掲書，161 ページ）

結果はまたローマ軍の惨敗である．しかし命拾いをした将

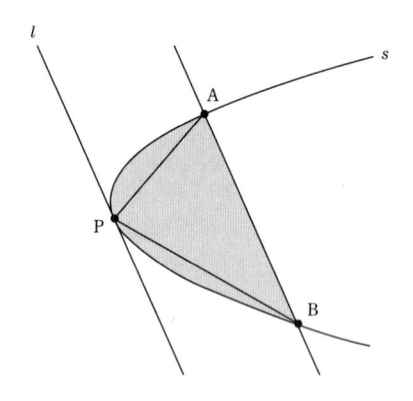

図 1　放物線を切った弓形の面積
　放物線 s と弦 AB で囲まれる弓形（灰色部分）の面積は，△APB の (4/3) 倍である．ここで P は，AB と平行な接線 l の接点である——アルキメデスが機械学的方法で発見し，それから厳密に証明した定理の一例．

軍マルケルスは長期戦に切りかえ，策略によって，アルテミスの祭の日に北側の門を破ることができた．アルキメデスはローマ軍による掠奪・破壊と混乱の中に殺されてしまい，将軍マルケルスは非常に残念がって，家族のものを探しだし，丁重に扱ったという（なおマルケルスはのちにカルタゴの名将ハンニバルの策略にかかり，戦死した）．

引用が長くなってしまったが，このように実際的な仕事にも明るかったアルキメデスは，幾何学の研究にも，「ある図形を分銅にして重さを測る」というような機械学的方法を活用した．そのようにして事実がわかれば，それを幾何学的に証明することは（彼にとっては，多くの場合）やさしいことであった（図1）．そこで彼は著書『方法』の中でおよそ次のように述べている．

> 問題についてのいくつかの知識を前もって得ておけば，そうでない場合よりも証明がずっと容易になる．そのようにしてエウドクソスは，「円錐や三角錐の体積はそれと同底・同高の円柱や三角柱の体積の1/3である」という定理を最初に証明できたのである．また同じ理由から，この定理を証明なしではあるが最初に指摘したデモクリトスにも少なからざる名誉を与えるべきである．(T. L. ヒース『ギリシア数学史 II』，平田・菊池・大沼訳，共立全書，230ページから，かなり表現を変えて引用)

2. 証明の前提

ある事実が予想あるいは発見されたとき,預言者ならばそれを声高に叫ぶかもしれない.しかし数学者は,それを証明したいと思う.ロマンチストのヒルベルトなら,「証明しなければならない」というかもしれない.実際,彼の墓には次のように刻まれているという(C. リード『ヒルベルト』彌永健一訳,岩波書店,416ページ).

Wir müssen wissen.
Wir werden wissen.
(われわれは知らねばならない.
われわれは知るであろう.)

では証明とは何だろうか.声高に叫んで,信じさせることではない.それは,デカルトのいう明晰 clair かつ判明 distinct なるものから出発して,どんな場合をも洩らさないように説明することであろう.その模範は,ギリシャの幾何学に見られる.たとえば
 (1)　全体は部分より大きい
というような一般的事実——**公理** axiom と,
 (2)　2点を通る直線はただひとつ存在する
というような幾何学的事実——**公準** postulate から出発して,もろもろの定理を論理的に証明するのである.また力学ではニュートンが,万有引力の法則

2. 証明の前提

　　　2つの物体はそれらの質量の積に比例し，それらの
　　　距離の2乗に反比例する力で相互に引きあう

と，3つの運動法則とから，ケプラーなどが発見した多くの経験法則を説明し，さらに惑星や，彗星の未来の運動を驚くべき精度で予言できることを示した．

　ここで皆さんに，ひとつ質問がある．ニュートンが万有引力の法則を発表したとき，デカルト（もう亡くなっていた）の弟子たちは，なかなか受け入れようとしなかったというが，皆さんはどう思われるだろうか？

　彼らのいい分はこうである（出典をたしかめることができなかったので，表現はいいかげんであるが）．

　　　引力のようにエタイの知れない，中世的・魔術的な
　　　力を考えることは，明晰なものから出発するという，
　　　デカルトの方針——近代科学の精神——に反する．

私はこのようないい分に接したとき，珍しく感動したことを覚えている．まったくそのとおりだ——万有引力の法則は，幾何学の公準のように「誰の眼にも明らかな事実」とはいえない．私は長いこと万有引力の法則を信じていたが，それはちっとも根拠がなく，しかも内容を理解してさえいないことであった！

　ニュートンの法則が役にたつことは，今や誰も否定できない．たとえば水星の軌道は，9000年に1°の狂いしか出ないという精密さで予測できるという．しかしそれは，「証

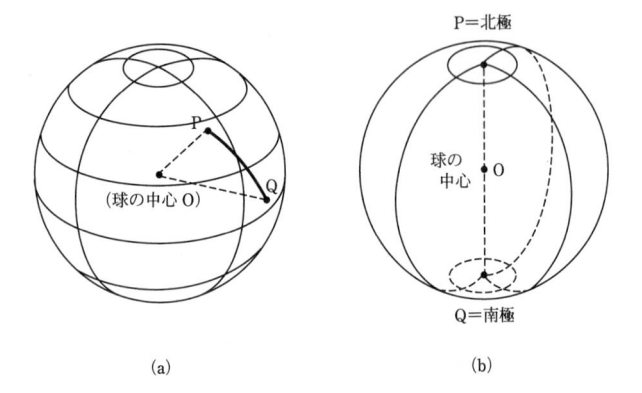

図2 球面上の最短コース
　P, Q と球の中心 O とが1直線上に並ぶ場合には，最短コースは無数にある．

明された事実」とはいえない．これまでの経験法則を集約した基本的経験法則なのである．もっとはっきりいえば，「このように考えるとうまくいく（らしい）」という，ターレス的な意味での**仮説**といってよい．そして，ニュートンが考えた仮説の体系は，量子力学の登場によって，絶対的真実**ではない**ことが明らかにされた．今では「9000年に1°の狂い」さえ，一般相対論によって補正できるということである．

　それでは，幾何学の公理・公準は本当に正しいのだろうか？　それもよく考えると怪しくなってくる．たとえばあ

る球面上に生物が住んでいて、その球面外のことをまったく知らずに幾何学を作るとしたら、どんなものができるだろうか？　彼らにとっての

　　　2点P, Qを結ぶ直線

とは,

　　　PからQへの, 球面上の最短コース

のことであろう. そうだとすれば, PからQへの直線はふつう, ただひとつである（図2；P, Qおよび球の中心Oを含む平面で, その球面を切った切り口である）. しかし例外がある——PとQが, 南極と北極のようにちょうど正反対に位置している場合には, PからQへの最短コースは無数にある. だから公準 (2) は成りたたない！　これは簡単な「非ユークリッド空間」の具体例である.

　では, 次のように考えることはできないだろうか？

(3)　「球面上」のようにゆがんだ世界でなく, 我々が住
　　　んでいるこの宇宙空間では, 公準 (2) は正しい.

しかし, これは本当に正しいのだろうか？　主張 (3) はどうすればたしかめられるのだろうか？　一体, (3) をたしかめることは数学の問題なのだろうか？

　「この宇宙空間」がかかわっているから, (3) をたしかめることは物理学の問題であって, 数学の問題ではない. そして物理学者の見解では, 宇宙はゆがんでいるらしく, 主張 (3) は正しくないらしい. だから公準 (2) もまた,「世界がこのようであったとして考えてみよう」という仮説と考えた方がよい. 絶対的真実でないとしても, この仮説

(2) が日常的な生活や機械工学などの分野で役にたつことは、やはり誰も否定できない.

現代の数学者は、公理とか公準という細かい区別をやめて、理論の出発点となる言明 statement をすべて公理と呼ぶ. そして公理とは、誰の眼にも明らかな事実ではなく、仮定という意味である（前提とか仮説と呼んでももちろんかまわない）. およそ科学の法則というものは、多くの場合に成りたつ経験法則であるか、さもなければ仮定であると私は思う.

3. 公理と構造

公理が仮定であることを明言したのは、中世以降ではヒルベルト (1862-1943) であって、決して古いことではない. しかしそれ以前にも、公理に新しい役割を負わせようという動きは現われていた. たとえば次のような"公理系"を見ていただきたい.

(S 1) すべての p, q, r について、
$$p \cdot (q \cdot r) = (p \cdot q) \cdot r.$$

(S 2) ある u があって、すべての p について
$$u \cdot p = p.$$
なおこのような u は単位元と呼ばれる.

(S 3) すべての p, q について
$$p \cdot q = q \cdot p.$$

昔風の見方をするなら、これらは自然数と乗法についての明白な事実を述べている、ということになろうか（u を 1

と解釈すればよい）．それがユークリッド，デカルト風の公理である．もう少し謙遜になると，「自然数と乗法についての作業仮説」と考える——ターレス風，現代自然科学風の公理である．そしてこれらの公理（と＝の性質）から，次のような定理が証明できる（単位元の一意性）．

定理 u_1 と u_2 が単位元なら，実は $u_1 = u_2$．

［証明］ u_1 は単位元であるから，S2から
$$u_1 \cdot x = x,$$
特に $x = u_2$ とおけば
$$u_1 \cdot u_2 = u_2.$$
u_2 も単位元であるから，同じようにして
$$u_2 \cdot u_1 = u_1.$$
したがって，S3によって
$$u_1 = u_2 \cdot u_1 = u_1 \cdot u_2 = u_2. \qquad ［証終］$$

ところで p や q は，何も自然数に限らなくてよい（図3）．整数や実数でもよいし，複素数でもよい．記号（・）も，乗算でなく，今日この場合に限って「加算をあらわしている」と考えてもよい（その場合は，u を0と解釈すればよい）．幸い上の証明は，公理（と＝の性質）だけに基づいていて，乗算の性質などは利用していないから，記号（・）を加算と解釈しても（公理がみたされている限り）ちゃんと成りたつ．だからこの定理は，数と乗算，また数と加算にも共通の性質をあらわしている．乗算の場合と加算

(p, q, r の範囲)　　　　　　　　　　(記号 (・) の意味)

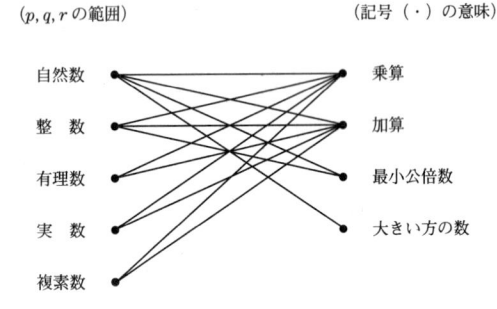

　自然数　　　　　　　　　　　　　　　乗算

　整　数　　　　　　　　　　　　　　　加算

　有理数　　　　　　　　　　　　　　　最小公倍数

　実　数　　　　　　　　　　　　　　　大きい方の数

　複素数

図3　いろいろな世界

　線で結んだ組合せはどれも，公理 S1, S2, S3 にあてはまる（ただし，最小公倍数の定義には細工が要る）．本文で証明されている定理は，これら13通りの組合せのどれについても成りたつ（個別に証明することももちろんできる）．

の場合とを区別して別々に証明することももちろんできるけれども，上の証明1回だけですむとしたら，これは「証明の省力化」になっているわけである．

　p, q, r の範囲としては，関数とか集合を考えることもできる．また，次のような世界を考えてもよい．

(W)　p, q, r は英語の単語をあらわす．そして $p \cdot q$ は，単語 p, q のうちの，アルファベット順であとのものをあらわす．

　　［例］　$p=$ 'love', $q=$ 'hate' なら $p \cdot q=$ 'love',
　　　　　　$r=$ 'moral' なら $p \cdot r=$ 'moral'.

なお $p \cdot p = p$ と約束する．

この場合，$u=$'a' が単位元の役割を果たし，公理 S1, S2, S3 がすべてみたされる．

以下，これら3つの公理をみたす世界をかりに「基本系」と呼ぶことにしよう（専門用語では**可換半群**と呼ばれる）．自然数と乗算の世界はひとつの基本系であるし，（W）の世界もひとつの基本系である．さっきの定理は，すべての基本系の共通性質である．

「基本系」のような概念は，一般的な用語でいえば，いろいろな世界に見られる**構造** structure をあらわしている．各世界の個別的な性質をすべて反映しているわけではなく，そのごく一部分を公理系によって抽出しているのである．しかしその一部分の中に役にたつ定理が含まれていて，しかもそれが多くの世界の共通性質であるなら，その構造は「ものごとの本質をついた，よい構造だ」ということになる．

構造に注目して，古典数学の豊富な成果を整理・再編したのは 20 世紀の数学のひとつの大きな特色である．それは「証明の省力化」だけでなく，本質をつくことによって「証明の見通しがよくなる，簡明になる」とか「結果が大幅に拡張される」という効果を生んだ．そしてその過程で，新しいタイプの公理がたくさん誕生した．

構造を規定するための公理は，理論の単なる前提であって，特定の対象の性質を述べたものではない．対象が不定であるから，それ自身の真・偽を問うても無意味である．当然，「証明の要らない明晰な事実」ではないし，「真実を

知るための作業仮説」でもない——そのような公理が「すべてである」とはいえないが，少なくとも「多数を占めている」ことは，注目に値するといえよう．

［補足］
　ユークリッドの公理系が「誰の目にも明らかな，絶対的真実」とみなされるようになったのは，後の時代のことで，古代ギリシアの人々は，公理を「受け入れてほしい前提」，つまり要請（仮定）と考えていたそうである（伊東俊太郎『ギリシア人の数学』講談社学術文庫, 196, 205, 214 ページ参照）．彼らは現代数学者の考え方を先取りしていた！

第12話
構造について

> いずれにしても，小さい子どもたちは「行って帰る」という構造をもったお話にいちばん満足を覚えるというのがぼくの仮説なんです．
> ——瀬田貞二『幼い子の文学』中公新書，1980

第11話の後半はかなりハイペースで，むずかしかったのではないかと思う．そこで今回は重複を恐れず，証明の精神と構造の考えかたについて，補足を述べておきたい．

1. 再び好奇心について

以前，一般教養の講義の中で「公理とは仮定である」と話したところ，「高校ではそんなふうに教わりませんでした」と食いさがってきた学生がいた．疑問を追求するのはよいのだけれど，「自分の知識にまちがいはない」というふうに見えたから，「それは勉強不足ですね」とか何とか，かなり手きびしくやっつけてしまった（ごめんなさい）．しかしここは大事なところなので，少し違った角度から議論をやりなおしてみよう．

公理 axiom という言葉が，中世以来「誰の眼にも明らかな事実」という意味であったことには，まちがいない．しかし現在，プロの数学者の間では，この言葉が仮定という意味で使われていることもたしかである．そしてユークリッドの幾何学の公理でさえ，

　　　　　事実とはいえない

ことは注目に値する．これは前に強調しそこねた重要な点のひとつである．

では「仮定」に基づく議論など，空論なのではなかろうか？——それはもっともな疑問である．しかしわがままな「仮定」に基づく感情的な議論と，幾何学や微積分学とを混

1. 再び好奇心について

同しないでほしい．後者がよりどころとしている公理は，永年の経験をふまえて，慎重に選ばれている仮定なのである．「数学は自由だ」という有名なセリフがあるけれど，自由と「わがまま勝手」とは違う——文学の本質もまさにその自由にある，と私は思うけれど，好き勝手に書いた作品がどれも高く評価される，ということではない．

もちろん「仮定」から出発している以上，そこから証明できるどんな事柄も「絶対的真実」とはいえない．それならやはり空論といわれてもしかたがないだろう，といわれる方は，次の点をぜひお考えいただきたい．

(1) 空論に基づいて打ちあげられたロケットで，人間が無事に月面に着陸できたのはなぜだろう？

(2) あなたはいろいろな知識——新聞やテレビのニュースや雑誌の情報，教科書の説明などを，絶対的真実であるかのように受け入れてしまってはいないだろうか？

いくら大きな活字で印刷されていても，事実であるという保証にはならない．またわざと誤った印象をもたせるような巧妙な書き方もあるから，要注意である．たとえばある売れっ子のマンガ作家は，週刊誌の記者を怒らせたばかりに次のように書きたてられたという．

「ショック！　あの○○○○は，年上の女性と同棲していた！」
「新事実！　その女性には夫がいた！」

昔からの事実でも「新事実」とは奇妙であるが，ともかくその作家がぼやくこと．「誰のことかと思ったら，おれのオフクロとオヤジのことじゃないか」ですとさ[1]．

　真実か否かの判断は，もちろんむずかしいことが多い．しかし現在，溢れんばかりの知識・情報に囲まれている私たちは，とかく断片的な知識だけでものごとが「わかった」つもりになりがちである．そのことに触れた画家・安野光雅の実に適切な談話があるので，次に引用させていただきたい（NHK 教育テレビ「おかあさんの勉強室――木村治美の教育対談」より）．

　　この間，日本アルプスが見えるとこまで行きましてね．山を見ていたんです．そうすると最もいけないと思ってることなんだけど，あの山なんていう山だいってこうなるんですよ，どうしても．あれは鹿島槍だよ……っていうふうにだんだん山の名前をいっていくわけね．ああそうなのかといって，僕はふとわかったような気がする．（中略）ところが鹿島槍なら鹿島槍ってのを本当に知るためにはね，その頂上をきわめないまでも少しはそばに行ってね，山間がどうなっているかとか花が咲いているかとか，雪が残ってたとか，いろんな"感性"的な接近のしかたっていうのがなくっち

---

1) この話自体，何をかくそう創作である（出典：平井和正『超革命的中学生集団』ハヤカワ文庫）．

ゃ，言葉だけ知ってたってしょうがない．そういう意味で，一つの言葉を知るときは一つの感性とペアで覚えていてはじめて本ものになる．

途中省略したところも実はなかなかおもしろく，やはり引用してしまおう．

　バスガイドが説明するのをきいていてね，何となくわかったような気がしてきたっていう日常が，だれにもあると思うんですよ．よく考えてみたらね，学校教育なんてものもそういうもんで，バスガイドの説明きいてわかったような気になってるっていうことは意外と多いんじゃなかろうか．

私たちは断片的な知識・情報に毒されて，正しい理解とか判断をしているつもりで実は何もしていない，という状態になりやすいのではなかろうか．だからこそ私たちは謙虚になって，「公理」を仮定と考え，仮定として吟味しなければならない．それこそがギリシャ人の自由な精神の真髄と考えられる．

2. ブルバキと構造主義

　ところで第 11 話で述べたように，古典数学の豊富な結果を，構造に注目して整理・再編したのは 20 世紀の数学のひとつの特色である．そのため，「三つの A (Arithmetic

数論，Algebra 代数，Analysis 解析）がひとつの a (abstract 抽象）でおきかえられた」などといわれるようになった．そのような成果に大きく貢献したのは，何といってもフランスの数学者ブルバキ（Nicolas Bourbaki）であろう．

ブルバキとは実は，ある数学者たちのグループのペンネームである．詳しい内容は秘密とされているが，指導者はアンドレ・ヴェイユとかジャン・デュドネなどで，50歳停年制を設けているとか，フランス人でないメンバーはサミュエル・アイレンバーグだけであるなど，かなりのことが洩れている．それでもこの架空の人物の実在を認めさせようという努力はなかなかのもので，いくつかの学会に架空の住所で入会申込みを送ったりしている（アメリカ数学会には受け入れられなかった）．また，ある数学雑誌の編集長ラルフ・ボーズが「ブルバキとはある数学者の集団のペンネームである」とバラしてしまったとき，彼らは次のようなうわさを流して報復したという．

> ラルフ・ボーズとは，数学雑誌の編集のために協同で働くアメリカの若い数学者の集団のペンネームである．

ブルバキの活動は1939年に始まって，その成果は未完の大著『数学原論』（日本語訳で37巻）におさめられている．レヴィ＝ストロースによるいわゆる構造主義の流行

は1960年代であるが,彼等の構造主義的運動はそれよりずっと早かったわけで,60年代には(停年制のため?)ほとんど消滅していた.しかしその影響は広く深く,結果をなるべく一般的・抽象的な言葉で表現する彼等のスタイルは全世界に広まった.次に幾何学を素材にして,どのような一般化・抽象化が行なわれたかをもう少し眺めてみよう.

3. 図形の世界にひそむ構造

まず,日常生活で利用されている幾何学的図形の例を挙げるとしたら,住宅の間取り図などはどうだろうか.新聞広告などで,「○○駅へ徒歩10分」とか「南面いっぱいのバルコニーに日光サンサン」などという文章につられて眺めると,ただ長方形を組合せただけの図形が,我々の感性に語りかけてくるからおもしろい.

これがユークリッド幾何学になると,グッと抽象的になる.「駅まで何分」というような位置とか「南面」がどうのこうのという方角は無視されて,長方形は何の意味もない抽象的な長方形となる.プラトンはそこに理想の存在を見たが,現代の大衆化社会では「だからきらいよ」ということになるのであろうか?

ところでユークリッドの世界には,座標系をもちこむことができる(図1).するとひとつひとつの点が,

$$u = (4, 2),$$
$$v = (1, -2),$$

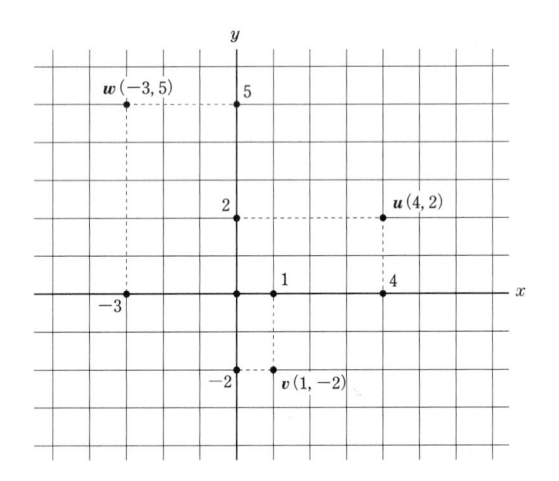

図1　平面と座標

$$w = (-3, 5)$$

のように座標であらわされる．またさらに

$$u+v = (4+1, 2+(-2)) = (5, 0),$$
$$u+w = (4+(-3), 2+5) = (1, 7)$$

のような演算も導入できる．これが具体的にどんな意味をもっているのかはわざと説明しないでおくが，一般的な定義を書けば次のようになる．

$$p = (p_1, p_2), \quad q = (q_1, q_2)$$

に対して

$$p+q = (p_1+q_1, p_2+q_2).$$

そして次の性質がみたされる（これらがアタリマエだと思えない人は，ぜひ上の定義に照らして，たしかめてみていただきたい．はじめは具体的な数値でやってみるのもよい——意味をぬきにして証明を考えるのは，現代数学に慣れるよい練習になる！）

(S 1)　すべての p, q, r について
$$p+(q+r) = (p+q)+r.$$
(S 2)　$u=(0,0)$ について
$$u+p = p.$$
(S 3)　すべての p, q について
$$p+q = q+p.$$

これは（記号が少し違う点を除けば）第11話でやった「基本系」ではないか！　ユークリッドの世界は，「基本系」という代数的構造を含んでいるわけである．

ユークリッドの世界に含まれる代数的構造は，実はもっと強い性質をみたしている．たとえばどんな p に対しても，適当に（p に応じて）q を選べば
$$p+q = u$$
となる（$u=(0,0)$ である）．このような性質を上手に抽出して定義したのが，

　　　　ベクトル空間　vector space

という構造である．これはユークリッドの世界（空間）だけでなく，各種の関数の集合（いわゆる関数空間）にも共通する重要な構造なので，理工系の大学生は1〜2年のうちに必ず習うことになっている．

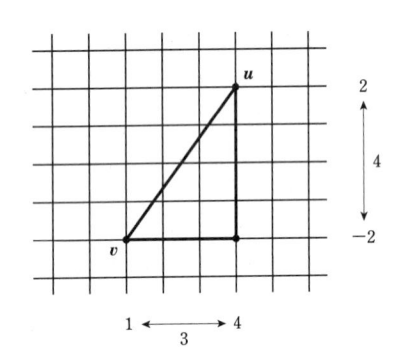

図2 $u=(4,2)$, $v=(1,-2)$ 間の距離
ピタゴラスの定理から，$\sqrt{3^2+4^2}=\sqrt{9+16}=5$.

ユークリッドの世界に戻ると，2点 p, q に対する
$$d(p, q) = \text{``}p, q \text{ 間の距離''}$$
の概念も重要である．たとえば
$$d(u, v) = \sqrt{(4-1)^2+(2-(-2))^2} = 5$$
などは，図2から理解していただけるだろうか．記号 $d(p, q)$ はちょっと大げさかもしれないが，それをガマンしていただくと，次の性質が成りたつことがわかる．

(D 1) $d(p, q) \geq 0$.
          特に $d(p, q)=0$ ならば $p=q$ で，
          逆も成りたつ ($d(p, p)=0$).
(D 2) $d(p, q) = d(q, p)$.
(D 3) $d(p, q)+d(q, r) \geq d(p, r)$.

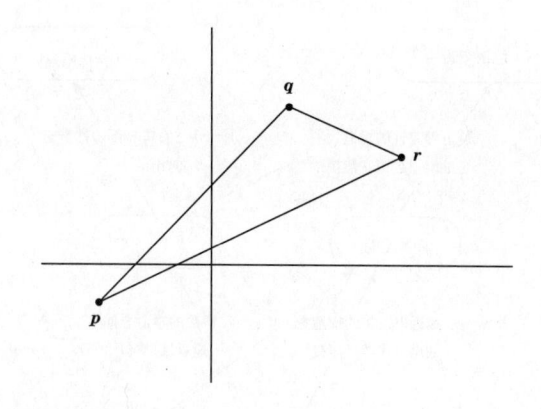

図3 3角不等式
2辺の和 (p, q 間の距離) + (q, r 間の距離) は，他の1辺 (p, r 間の距離) より大きい．したがって，
$$d(p, q) + d(q, r) \geqq d(p, r).$$
等号は，p, q, r が一直線上にその順に並んでいるとき成りたつ．この式を計算でたしかめることもできる．

さいごの性質は，

　　3角形の2辺の和は，他の1辺より大きい

ことの記号的表現で，**3角不等式**と呼ばれている（図3）．

おもしろいことに，これらの性質はまったく違ったいろいろな場面に登場する．次にいくつかの例を挙げよう．

(I) 新幹線の停車駅 p, q に対して

$$d(p, q) = \text{"}p \text{ から } q \text{ にゆく運賃"}.$$

(II) 友達の家 p, q に対して

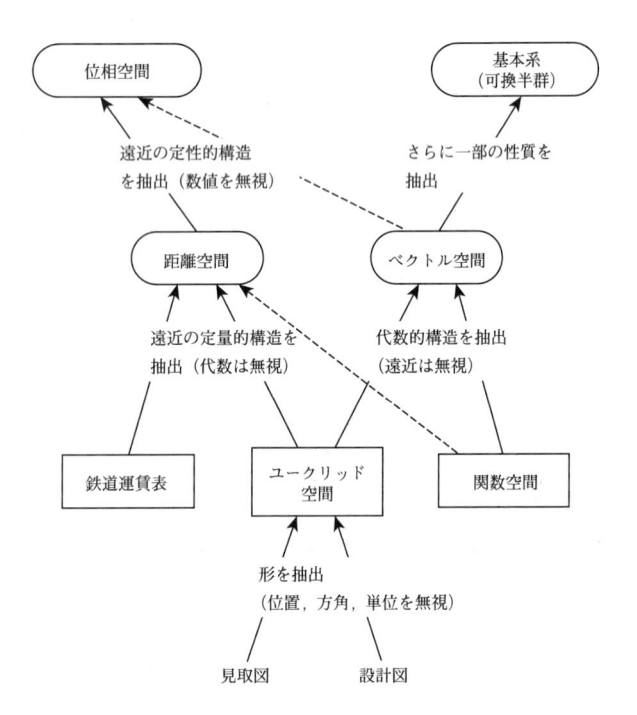

```
                位相空間                    基本系
                                          (可換半群)
                    ↑  ↖
         遠近の定性的構造          さらに一部の性質を
         を抽出（数値を無視）       抽出
                   ↖
                距離空間         ベクトル空間
                  ↑               ↑
       遠近の定量的構造を      代数的構造を抽出
       抽出（代数を無視）       （遠近は無視）

       鉄道運賃表    ユークリッド    関数空間
                     空間
                    ↑   ↑
                  形を抽出
               (位置，方角，単位を無視)
                 /         \
              見取図       設計図
```

図4 いろいろな構造

個別的なものの世界を長方形で示し，それらに含まれる構造を長円形で示した．矢印を辿って抽象化（逆にいえば無視——捨象）を重ねるほど，一般性も抽象度も高くなる．なお点線は「場合によって抽象可能」であることを示す．

$d(\boldsymbol{p}, \boldsymbol{q}) = $ "$\boldsymbol{p}$ から $\boldsymbol{q}$ まで歩くときの最短時間".

(III)　区間 $0 \leq x \leq 1$ 上での連続関数 $\boldsymbol{p}, \boldsymbol{q}$ に対して

$$d(\boldsymbol{p}, \boldsymbol{q}) = \sqrt{\int_0^1 (\boldsymbol{p}(x) - \boldsymbol{q}(x))^2 dx}.$$

これらはどれも (D1), (D2), (D3) をみたす——それなら, それらに共通の構造を考えるのは自然であろう. 我々は, これら3つの性質 (D1), (D2), (D3) を**距離の3公理**と呼び, これらをすべてみたす世界を

　　　距離空間　metric space

と呼ぶ. これは"位相空間"と呼ばれるさらに一般的・抽象的な構造の, 重要な例である.

世界とそこに含まれる構造の関係を, 図4に示しておいた. 正確な定義はしていないので, 「いろいろあるんだなあ」と感じていただければさしあたり十分である. 矢印を辿って抽象化 (逆にいえば捨象——無視) を重ねるほど, 一般性も抽象度も高くなる. また, ユークリッド空間それ自体すでに抽象的で, 「現実世界の幾何学的構造」ともいえるのであるから, その上の距離空間や, さらに上の位相空間は, きわめて抽象度が高いわけである (わかりにくくてもあたりまえ?). しかし幾何学的構造の中に, 代数的構造や, "距離"のように解析学の基礎となる構造が発見できるのは, 大変おもしろいことだと私は思う.

第13話
「無限」のセンス

> 果してガウスの警告の通り,「無限」はあたかもその秘密のヴェイルを引き裂かれたことを怒るかのように,最初の挑戦者カントールにたいして残酷な復讐をもって報いた.（中略）彼の自信は動揺し……ついに精神病院に送られた.
> ——遠山啓『無限と連続』岩波新書, 1952

1. 無限の恐怖

大昔の人々には,「空白の恐怖」というものがあったらしい.洞窟の壁画などに空白が少なく,びっしりと書きこまれているのはそのためである,という.かつて空想された世界が,無限に広い地平でなく,滝や山脈によって限られた有限の世界であるのは,無限に対する恐怖のしわざであろうか? 私も「永遠の死」はあまりまともに考えたくないし,「無限の生」にも少しばかり恐怖を感じることがある.

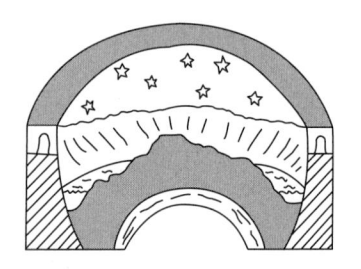

図1 カルデア人の宇宙観
中央に大陸があり,その囲りは海,その向うに山脈があり,その上に釣鐘形の天がある.東西をつなぐ管があって,東の出口から太陽が昇り,西の入口に沈む.

無限に小さい,極微の世界にも,不思議なところがある.次に,その不思議さに巧みに触れた文を引用しておこう(安野光雅『集合』ダイヤモンド社 (1961)).

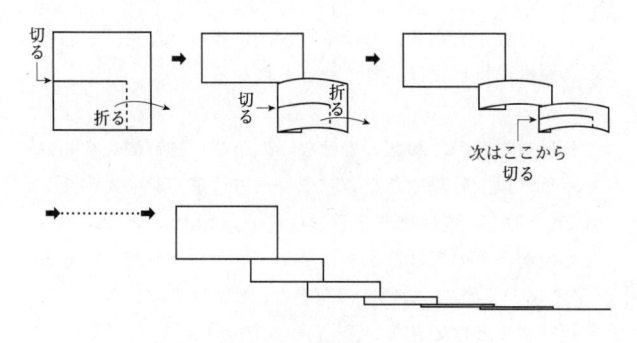

図2 夢幻の御幣の作りかた

この御幣をよく見てほしい（注．図2参照）．1枚の紙の半分のところに切れ目を入れて折る，そのまた $\frac{1}{2}$ のところに切れ目を入れて折る，このままいくとどこまで行っても $\frac{1}{2}$ が残るから，これは無限である，といいたげである．(中略) かりに幅1mの紙を $\frac{1}{2}$ ずつ切って折る作業を続けたとして，いったい何回ぐらい折れると思われるだろうか，実際に試みてほしいのだが，10回も折ったらもう，カミソリで切ることもできなくなるだろう．

それでも切る．特別の刃物があって，これを切ることが可能だとしたら，どんどん小さくなって，顕微鏡でも見えないほどになり，それ以上もう切ることのできない素粒子という，ゆきどまりに至るだろう．しか

しそれでも切る。もはや物理的世界をはなれ、いわば思惟の世界にはいりこむことになる。

これは数学者のたわごとではないのか？　物質にも空間にも、それ以上分割できない粒子——古代ギリシャ人が原子 atom と呼び、現代物理学者なら量子 quantum と呼ぶようなものがあるのではなかろうか？　しかしそうだとすると「アキレスと亀」についての有名な、ゼノンのパラドックスを避けることはできない。

　名高い戦士アキレスと、誇り高い亀とが 100 メートル競争をすることになった。俊足のアキレスに敬意を表して、少しハンディキャップをつける——亀は 9 メートルさきから出発してよい、としよう。アキレスが亀の 10 倍速いなら、たちまち亀に追いつき、追い越すはずである。

　しかし、アキレスは亀に追いつく前に、まず亀の最初の位置 P_1 に到達しなければなるまい。その間に、亀はいくら遅いとしても、少しは前進している。そこで、アキレスが P_1 に到達したときの亀の位置を P_2 であらわすことにしよう。

　さて、アキレスは亀に追いつく前に、まず P_2 に到達しなければならない。その間に、亀は少し前進している。そこで、アキレスが P_2 に到達したときの亀の位置を P_3 であらわすことにしよう。

　　　　　……………………………

　さて、アキレスは亀に追いつく前に、まず P_{5479} に到達

しなければならない．その間に，亀は少し前進している．そこで，アキレスが P_{5479} に到達したときの亀の位置を P_{5480} であらわすことにしよう．

　・・・・・・・・・・・・・・・・・・・・・・・・・・

　亀の速度が0でない限り，アキレスがいくらか前進する間に，亀もわずかながら前進するであろう．だから，P_1, $P_2, P_3, \cdots$ という地点が次々といくらでも定まる．アキレスは亀に追いつくまでに，これらをすべて通過しなければならない．しかし，ひとつひとつの地点が微粒子であるとしたら，無限の微粒子を通過するには無限の距離を走らねばならず，それには無限の時間がかかるであろう．したがって，アキレスは亀にどうしても追いつけない!?

　現代人はどうだろうか．無限については感覚的に慣れている部分もあるので，「無限の宇宙空間」という言葉をきいても，別に驚きはしないであろう．子供なら星の海の中をしずかに進む宇宙戦艦ヤマトなどを通して，無限空間を実感できるかもしれない．しかし

$$0.3333\cdots$$

のような無限小数はどうだろうか？　これは「どこまで行ってもぴったり 1/3 にはならない」，と考える人が多いようである．だから

$$0.3333\cdots = \frac{1}{3}$$

と教えられると，一種のウサン臭さ，ないしは不快感さえ覚えることがあるらしい．ましてや，この式の両辺を3倍

した次の式になると，信じない人の方が多い！
$$0.9999\cdots = 1.$$

2. 無限の効用

では，数学者が「無限」という言葉を使うのはなぜだろうか？　その方が話が簡単になり，便利な場合もあるからである．たとえば，自然数

$$1, 2, 3, \cdots, 167, 168, 169, \cdots$$

は「いくらでもある」のであって，「有限個しかない」と考えるのは不便である．実際，「169 を超える数は認めない」という極端な人は，かけ算をするたびに，答が存在するかどうか気にしなければならない．

$$13 \times 14$$

というような計算は，その人にとっては無意味なのである．また

すべての x, y について $x \times y = y \times x$

という基本的な法則も，次のように述べなければならない．

13 を超えないすべての数 x, y について，$x \times y$ が存在し，しかも $x \times y = y \times x$ が成りたつ．

3×19 でもいいではないか，などというなかれ．そういう場合をも含めようとすると，表現がもっと複雑になってしまう！（なお当然のことながら，169 を 1690000 にしようと，1 不可思議あるいは 9999 無量大数にしようと，これらの難点は少しも解消されない．）

線分の中の点についてもそうである。点とは「微粒子」で、「有限の長さの線分は有限個の点から成る」と考える限り、すでに述べたように、ゼノンのパラドックスから逃れられない。そこでユークリッドのように、点とは「大きさのない位置」であると考えてみよう。直観的には「線分の切り口」を思い浮かべるとよいかもしれない。思惟の世界の理想の線分は、いくらでも切ってゆける。有限の線分でも、切り口は無限にありうる。そしてアキレスは、亀に追いつくまでに、無限の位置（切り口）を通過しなければならない。実は1人で走っても、そのほんのひとまたぎでも、無限の位置を通過してしまう。しかしだからといって、無限の時間がかかることはなく、有限の時間でこと足りるのは、ふだん経験しているとおりである。なぜか。我々が考えている理想的な位置は、大きさをもたない。だから無限の位置を通過したからといって無限の距離を走るわけでもなく、無限の時間を要するわけでもない——こうしてパラドックスは（一応）回避される。

無限をもっと積極的に利用する場合もある。私が好きな例は、たとえば「円周率 π の無限和表示」である。半径 r の円の面積 S が

$$S = \pi r^2$$

という公式によって表示されること、また係数 π が一定であることは、ギリシャ時代にすでに（表現法は異なるが、実質的に）証明されていた。しかしこの定数 π の正確な値をあらわす式は、その後およそ2000年もの間、見つからな

かった．それが「無限の和」を利用すると，次のようにきれいな式が成りたつのである．

$$\frac{\pi}{4} = 1 - \frac{1}{3} + \frac{1}{5} - \frac{1}{7} + \frac{1}{9} - \frac{1}{11} + \cdots. \tag{1}$$

これは18世紀の数学の勝利で，ほかにも

$$\frac{a}{1-x} = a + ax + ax^2 + ax^3 + \cdots \tag{2}$$

という基本的な公式（これは $|x|<1$ のとき成りたつ）とか，

$$(1+x)^p = 1 + p \cdot x + \frac{p(p-1)}{2!}x^2$$
$$+ \frac{p(p-1)(p-2)}{3!}x^3 + \cdots \tag{3}$$

という便利な公式が知られている（これは p が非負整数ならばいつでも成りたつし，$p>0$ ならば $|x|\leqq 1$ のとき，$-1<p<0$ ならば $-1<x\leqq 1$ のとき成りたつ）．ほかにも例は無数にあるが，公式集もあることだからこれくらいでやめておこう．熱心な方は，たとえば公式 (3) で $p=1/2$ とおいた場合（つまり $\sqrt{1+x}$ の展開式）の係数を具体的に求めてみるとよい．さらに

$$\sqrt[3]{9} = 2 \cdot \sqrt[3]{\frac{9}{8}} = 2 \cdot \left(1 + \frac{1}{8}\right)^{1/3}$$

の近似計算を工夫してみるのもおもしろいかもしれない．

なお参考までに近似値を示すと，

$$\sqrt[3]{9} = 2.08008\cdots.$$

3. 無限への飛躍

ところで，無限和の公式 (1)，(2)，(3) の右辺に現われる点線

　　　　…

は何を意味するのだろうか？　無限に続く項を

　　　どこまでも加えてゆけ

という行動をあらわすのだろうか？　**そうではない**．もしそうだとしたら，たとえば (1) の右辺は

$$1,$$
$$1-\frac{1}{3} = 0.666\,666\cdots,$$
$$1-\frac{1}{3}+\frac{1}{5} = 0.866\,666\cdots,$$
$$1-\frac{1}{3}+\frac{1}{5}-\frac{1}{7} = 0.723\,809\cdots,$$

等々と変化してゆき，ぴったり $\frac{\pi}{4}$ に一致することは決してない．そもそもこのように変化する量と，$\frac{\pi}{4}$ のような定数とを "=" で結ぶことがおかしいといわざるをえない．

しかし点線 "…" の意味は，行動の指示ではない．それは，そのあとに続く無限の項を

　　　すべて加えた結果

をあらわすのである．だから右辺はひとつの数値を表示しているので，左辺と "=" でつなぐことが意味をもつ．

無限小数

$$0.3333\cdots$$

もそうなのである．これは

$$0.3+0.03+0.003+0.0003+\cdots$$

を略記したもの，と考えるとよい．そして"…"はここでも，「どこまでも加えてゆけ」という行動**ではなく**，「**すべて加えた**」結果をあらわしている．どんどん加えてゆく途中では，その値がぴったり $\frac{1}{3}$ になることは決してないが，すべてを加えれば $\frac{1}{3}$ になるはずで，だからこそ

$$0.3333\cdots = \frac{1}{3}$$

と書けるのである．

しかし，無限にある項を「すべて加える」とはどういうことなのだろうか？ それは現実の行動としては明らかに不可能であり，そこには大きな飛躍がある．この飛躍は，形式的には鉄の論理によって，直観的には豊かな空想力によって，埋めなければならない．「鉄の論理」は（いわゆる ε-δ 論法に基づく）「極限の理論」によって与えられるのであるが，ここでは扱わない．ただ，必要な空想力については，慣れておくと便利なので，もう少し述べておこう．

もう一度，図2の「夢幻の御幣」の作りかたを見ていただきたい．実際に何回切れるのか知らないが，「15回切った」と想像してみることは別にむずかしくはあるまい．さらに「100回切ったとしたら，ずいぶん長くなるだろうなあ」と空想することも可能であろう．実際には幅1mの紙でも，100回も2等分すれば最後の幅は電子の半径よりも

3. 無限への飛躍

はるかに小さくなってしまうから、これは思惟の世界での空想である。しかし電子だとか素粒子などという言葉は忘れることにして、我々の素朴な視覚像のとおり「物質はすきまのない連続体である」と思えば、1000回切ることだって驚くにはあたらない。むしろ、「どこかで切れなくなる」ということの方が、考えにくいのではなかろうか。それならいっそ、「無限に切った」結果の「夢幻の御幣」だって、空想してもよかろう。

次に問題を少し変えて、タテ1m・ヨコ2mの紙を、図3のように次々と半分に切っていくことを考えてみよう。これなら折りかえしたりしないから、前より考えやすいのでないかと思う。そこで無限の時間をあやつれる悪魔か、無限個の鋏を同時に使える魔法使いがいて、この紙を無限に切りきざんでくれたと空想していただきたい。当然のことながら、魔法使いの鋏は切れ味が無限に鋭く、どんな小さい紙片でも、ちょうどまっぷたつに（切り屑など出さずに）切れると仮定する。

もとの紙の面積は $2\,\mathrm{m}^2$ であった。これを半分ずつ切りきざんだ結果、面積が次々と半分になる紙片が無数にできる。最初の1片は $1\,\mathrm{m}^2$ で、次の1片は $\frac{1}{2}\,\mathrm{m}^2$、その次は $\frac{1}{4}\,\mathrm{m}^2$、そのまた次は $\frac{1}{8}\,\mathrm{m}^2$、……という調子である。

ここで大事なこと——これらの紙片の面積をよせ集めれば、もとの面積になるであろう。すなわち、次の等式が成りたつ。

2 m

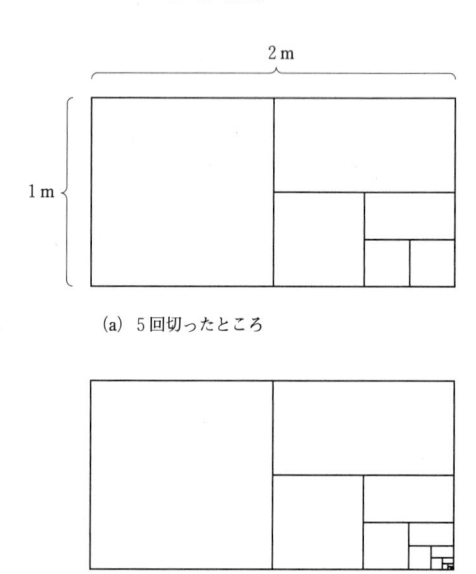

1 m

(a) 5回切ったところ

(b) 無限に切りきざんだところ

図3 紙の分割（その1）

紙を2等分し，そのうちの1片をさらに2等分し，そのうちの1片をさらに2等分し，……ということを無限にくり返す（か，瞬間的に実行する）．鋏で「切る」のでなく，頭の中で区切るだけでもよい．

$$2 = 1 + \frac{1}{2} + \frac{1}{4} + \frac{1}{8} + \cdots. \tag{4}$$

このような場合なら,「無限に加えた結果」はもともとあるのだから想像しやすいのではなかろうか?

等式 (4) は,公式 (2) で
$$a = 1, \quad x = \frac{1}{2}$$
とおけばただちに得られる.同じ公式 (2) で
$$a = 3, \quad x = 0.1$$
とおけば,次の式が導かれる.

$$\frac{10}{3} = 3 + 0.3 + 0.03 + 0.003 + \cdots. \tag{5}$$

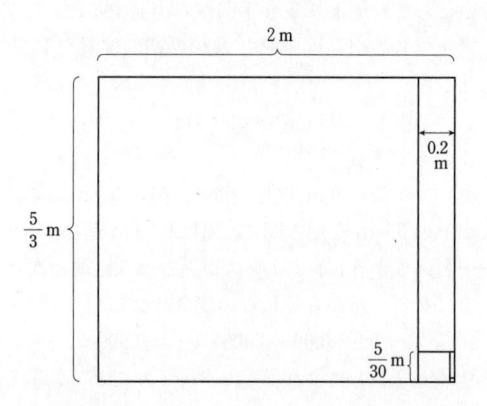

図4 紙の分割(その II)
 ここから面積 3, 3/10, 3/100, 3/1000, … の紙片が現われる.

この両辺から3を引けば，おなじみの等式が現われる！

$$\frac{1}{3} = 0.3333\cdots.$$

なお等式 (5) は，公式 (2) からでなく，紙を切りきざむことからも説明できる．面積 $\frac{10}{3}$ m^2 の紙から，その $\frac{1}{10}$ を切りとり，その小片からさらに $\frac{1}{10}$ を切りとり，……ということを無限にくり返せばよい（図4）．同じようにして

$$1 = 0.9999\cdots$$

の説明を与えることは，ちょっとしたクイズとして残しておこう．

こういう無限和の考えは，ゼノンのパラドックスにも応用がある．話をはっきりさせるために，アキレスは亀の10倍速いとして，亀より9m手前から出発する，としてみよう．アキレスの出発点を P_0，亀の最初の位置を P_1 とすれば，

$$P_0P_1 = 9 \quad (m)$$

ということである．

アキレスがこの9mを走る間に，亀は0.9m進む．アキレスがその0.9mを走る間に，亀は0.09m進む．アキレスが……というように，アキレスが進むべき距離は次々と10分の1になる．だからそれらの総合計は

$$9 + 0.9 + 0.09 + 0.009 + \cdots = 9.999\cdots,$$

つまり（公式 (2) によれば）10メートルであり，決して無限などではない．

10メートルという答は，次のような方程式を解いても得

られる.（なぜでしょう？）
$$x = \frac{1}{10}x + 9.$$
これは無限和の妥当性を示すもうひとつの例であり，またそうだとすれば，ゼノンのパラドックスを打破する説明法のひとつにもなっていると思う.

第14話
論証のセンス

「ずいぶん先まわりをするんですね．わたしならそんなに早く結論には飛びつきませんな」
「でも，ほかに考え方がありますか？」
「ありますとも．(以下略)」
　　──アガサ・クリスティー『オリエント急行の殺人』
　　　　　　　　　　中村能三訳，早川書房，1978

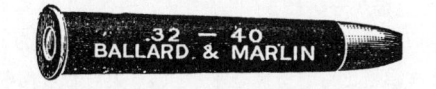

1. 無限についての論証

「無限」の効用については第13話で述べたとおりであるが，これはまた，新しい困難をもたらす言葉でもある．つまり，無限にかかわるなにごとかを論証するのが，なかなかむずかしい――「ありうる場合を洩れなくたしかめる」というわけにいかないので，何かの工夫が必要なのである．

簡単な例として，

　　　　自然数は無限にある　　　　　　　　　　　　(1)

という事実について考えてみよう．これを「論証しろ」といわれたら，どうすればよいのだろうか？

$$1, 2, 3, \cdots, 167, 168$$

などと書いてみせてもムダである．どこまで書いても，有限個でしかない．それなら

$$\cdots, 167, 168, 169, \cdots$$

と書くのはどうだろうか．さいごの"$\cdots$"のところに「このあと，無限に続く」という気持をこめるのである．

ここで立場が分かれる．健康な人，やさしい人なら，「これで十分だ」というかもしれない．末綱恕一先生のように，「行為的直観によって見通せる」という人もおられる．しかしブローウェル (D. Brouwer, 1902-1966) のように「見通せない」という人もいる．ではどちらが正しいのか．「多分そうだろう」，「自分はそう思う」などといわずに，自信のない人を（ある程度）説得する，もう少しマシな工夫はないのだろうか？

1. 無限についての論証

　すぐ思いつくのは，"…"の部分の作りかたを説明することである．自然数 n に対して，その次の自然数 $n+1$ が存在することを認めるなら，その「作りかた」は明らかである．単に「次の数」を，まさに次から次へと，書き並べてゆけばよい．上に認めたことから，この操作はいくらでも続けられる．したがって，自然数は無限に存在する．

　もうひとつの方法は，背理法である．すなわち，かりに
　　　　自然数は有限個しかない　　　　　　　　　　(2)
と仮定してみるのである．それなら，そのうち最大のものが存在するに違いない．それを M と名付けよう．すると，M の次の数 $M+1$ はどうなるのだろうか？　これは M より大きい．
$$M < M+1.$$
一方，$M+1$ も自然数で，M はすべての自然数の中で最大なのだから，
$$M+1 \leq M.$$
したがって
$$M < M+1 \leq M,$$
つまり
　　　M は M よりも大きい
という矛盾が発生する．

　この矛盾は，なぜ発生したのだろうか？　数の世界に矛盾がなく，推論にも誤りがないとすれば，その原因はさっきの恣意的な仮定 (2) にある，としか考えられない．したがって仮定 (2) は誤りで，自然数は無限に存在する——こ

れが背理法の極意である．

　次にもう少しむずかしい問題をとりあげてみよう．

　　　素数は無限に存在する　　　　　　　　　　　(3)

というのはどうだろうか．**素数**とは，1より大きく，しかも1と自分自身のほかはどんな数でも割りきれない自然数である．たとえば9は3で割りきれるから素数ではなく，7とか11は素数である．ついでながら素数でない自然数（1を除く）は**合成数**と呼ばれる．どんな合成数も，ある素数で割りきれる（そのことの証明も，考えてみるとおもしろい）．1は特別の自然数で，素数でも合成数でもない．

　さて，素数は果たして無限に存在するのだろうか．小さい順に少し書き並べてみると，次のようになる．

　　2, 3, 5, 7, 11, 13, 17, 19, 23, 29, 31, 37, 41,
　　43, 47, 53, 59, 61, 67, 71, 73, 79, 83, 89, 97,
　　…

100以下の素数はこれで全部で，25個ある（1000以下の素数は168個ある）．

　この"…"を見て，あなたは「なるほど，これなら無限に続く」と思うだろうか？　ちょっと確信は持てないであろう．自然数の場合とは違って，「次の素数」を作るしかたがよくわからないからである．

　このような場合，手っとりばやいのは背理法に頼ることである．つまり，ユークリッドがやったように，次のような仮定をおいてみるのである．

　　　素数は有限個しかない．　　　　　　　　　　(4)

1. 無限についての論証

そして正しい推論によって矛盾を導くことができれば，この仮定 (4) が誤りであることがわかる——そしてもとの主張 (3) が証明できたことになる．

仮定 (4) によれば，最大の素数 M が存在すると考えてよかろう．そこで次のような数 N を考えてみる．

$$N = 1 \times 2 \times 3 \times \cdots \times (M-1) \times M + 1$$

M がどれほど大きいかわからないので，N がどんな数であるかもわからないが，次のことだけはたしかである．

N を 2 で割ると，1 余る．

N を 3 で割ると，1 余る．

．．．．．．．．．．．．．．．．

N を M で割ると，1 余る．

もしこれが心配だったら，$M=4$ ぐらいの場合について考えてみるとよい（$1 \times 2 \times 3 \times 4 + 1$ を 3 で割れば，商は $1 \times 2 \times 4$ で，余りは 1 になる）．このように，N は，M 以下のどんな数でも割りきれない．

ここで次の 2 つの場合が考えられる．

(1) N は素数である——しかし $N > M$ であるから，これは M が「最大の素数である」という性質と矛盾する．

(2) N は合成数である——それなら N は，ある素数 p で割りきれる．一方 N は M 以下の数では割りきれないので，$p > M$ である．しかしこれも，M が「最大の素数である」という性質に矛盾する．

このようにして，仮定 (4) から矛盾が生ずること，した

がって主張 (3) が正しいことが確定した．

2. 命題のいいかえ

証明したい事柄を書き表した文を，論理学の用語では**命題** (proposition) という．これまでに扱った文 (1)〜(4) はすべて命題といってよい．数学・論理学で扱われる命題は，真か偽かが（少なくとも原理的に）確定しているものをいうので，たとえば

　　　π は自然数ではない　（真）

とか

　　　1 は素数である　（偽）

などはよいが，

　　　この犬は私の友人の生まれかわりである

などというのはちょっと困る．一方

　　　x は正である

というのは，x が何をあらわすかが問題であるが，話を実数の範囲に限れば，x の値ごとに真か偽かが確定するので，これも（広い意味での）命題と呼ぶことがある．

　　　$x > y$　ならば　$-x < -y$

などは任意の実数 x, y について成りたつ，立派な命題である．

ところで，ある命題を証明したいとき，便宜上，それと同値な「いいかえ」を利用することがある．ここで（論理的に）**同値** (equivalent) とは

　　　真か偽かが一致する

2. 命題のいいかえ

ということであって、たとえば

  犯人はレーガンかモンデールだ   (5)

は,

  レーガンが犯人でなければモンデールが犯人だ (6)

といいかえられる。また

  "$x \neq 1$ または $y \neq 3$" でない   (7)

は

  $x \neq 1$ でもないし $y \neq 3$ でもない   (8)

あるいは

  "$x = 1$ かつ $y = 3$" である   (9)

といいかえられる。中でも有名なのは

  P ならば Q である   (10)

を

  Q でなければ P でない   (11)

といいかえることで、いろいろな証明の中でよく使われる。次に簡単な例を挙げてみよう。

  $x > y$ ならば, "$x \neq 1$ または $y \neq 3$" である。 (12)

前提 $x > y$ が成りたつ場合としては

$$x = 5, \quad y = 3,$$
$$x = 1, \quad y = 0,$$
$$x = 5, \quad y = 0,$$

等々、無数に考えられる。そしてこれらの具体例について、

  $x \neq 1$ または $y \neq 3$

はたしかに成りたつ。しかし、命題 (12) がすべての x, y について成りたつことは、どうすれば証明できるだろう

か？

いろいろな方法が考えられるが，(10)〜(11) と同じいいかえを利用するとよい．

$\quad$ "$x \neq 1$ または $y \neq 3$" でなければ $x > y$ でない． $\quad$ (13)

この新しい前提は，(7)〜(9) を使って次のようにいいかえられる．

$\quad$ "$x = 1$ かつ $y = 3$" であれば $x > y$ でない． $\quad\quad$ (14)

これならまったくアタリマエではないか！

命題 (11) は，もとの命題 (10) の**対偶**と呼ばれる．なお

$\quad A$ は B である $\quad\quad\quad\quad\quad\quad\quad\quad\quad\quad\quad$ (15)

に対して

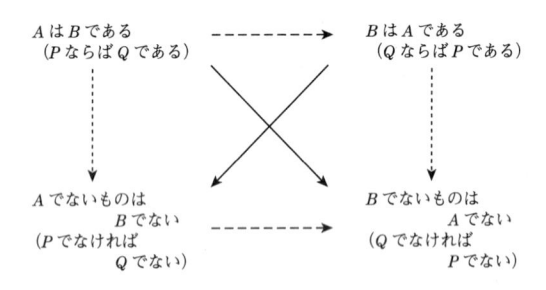

```
A は B である                    B は A である
(P ならば Q である)  ------>    (Q ならば P である)

        |           ×            |
        v                        v

A でないものは                   B でないものは
     B でない         ------>         A でない
(P でなければ                   (Q でなければ
  Q でない)                       P でない)
```

図 1　命題の換位と換質
主部と述部を入れかえることを**換位**といい（破線で示す），それぞれをその否定でおきかえることを**換質**という（点線で示す）．対角線の両隅が**対偶**で，換位と換質の両方を施すことになる．また条件つき命題の場合を括弧の中に入れて示した．

表I 同値な命題のおもしろい例

(A) ドゥ・モルガンの法則
  "P または Q" でない $\iff$ P でなくしかも Q でない
  "P かつ Q" でない $\iff$ P でないかまたは Q でない
(B) "または" と "ならば" の関係
  P または Q である $\iff$ P でなければ Q である
  P ならば Q である $\iff$ P でないかまたは Q である
(C) 対偶の法則
  P ならば Q である $\iff$ Q でなければ P でない
  A は B である $\iff$ B でないものは A でない

論理的に同値であることを記号 $\iff$ であらわす.

表II 推論法則のおもしろい例

(A) 3段論法
  $\left.\begin{array}{l} P \text{ならば} Q \text{である} \\ P \text{である} \end{array}\right\} \implies Q \text{である}$

(B) 両刀論法
  $\left.\begin{array}{l} P \text{または} Q \text{である} \\ P \text{でないかまたは} R \text{である} \end{array}\right\} \implies Q \text{または} R \text{である}$

複数個の前提からひとつの結論を導くための推論規則の例を示した ("推論規則" の定義は述べないが, 興味ある方は論理学の教科書でお調べいただきたい). 記号 $\implies$ は左側の前提から右側の結論が得られることをあらわしている.

B でないものは A でない　　　　　　　　　　(16)

を**対偶**と呼ぶこともある（図1）. ついでに紹介すると, 文 (15) に対して

B は A である　　　　　　　　　　(17)

をその**逆**といい,

A でないものは B でない　　　　　　　　　　(18)

を**裏**という. (18) は (17) の対偶であり, これらは同値である. しかしもとの命題とその逆（や裏）との真・偽は必ずしも一致しない. そのことは古くから

逆は必ずしも真ならず

という諺の教えるところである（ある命題が真であるとしても, その逆は真かもしれないし偽かもしれない）.

3. ヘンペルのカラス

　固い話が続いたから, このへんで少し変わった話題を提供しよう（原案はプリンストン大学の哲学教授カール・ヘンペルによる）.

　カール君は夏休みの自由研究として

カラスは黒い　　　　　　　　　　(19)

という命題を実証してやろう, と思いたった. 世界中のカラスを調べつくすことはもちろんできないが, たくさんのカラスについてこの命題が正しいのなら,「この命題は信頼性が高い」といってよかろう. 黒いカラスはこの命題の実証例であり, 黒くないカラスがもしいたら, それはこの命題の反例である. カール君はたくさんの実証例を集める

3. ヘンペルのカラス

ために、また「ひょっとしたら反例が見つかるかも」という期待をもって、毎日野外で調査を続けた.

ところがある日、遊びにきたヘンペル君が、おもしろいことを教えてくれた. 命題 (19) は，

　　　黒くないものはカラスでない　　　　　　　　(20)

と論理的に同値である. だから (19) を実証する代りに，(20) を実証したっていいはずだ. それなら何も野外に出る必要はない. 机の上を見わたすだけで，実証例はいくらでも見つかるではないか. 赤エンピツ、白いけしゴム、青いホッチキス、緑のデスク・マット、……

なるほど、これなら野外に出るまでもない. 居ながらにしてカラスの研究ができる——ということになるが、**そんなことってあるのか？**

命題 (19) と (20) とが論理的に同値であることは、まちがいない. 実際、(19) が成りたたないとしたら

　　　黒くないカラス

がいるはずであり、それは (20) の反例でもある. (19) が成りたつとしたら、このような反例はないので、(20) も成りたつ. それにもかかわらず、「野外に出るまでもない」という結論が信じがたい（事実、まちがっている）のはなぜだろうか？

最初に述べたように、世界中のカラスを調べつくすことは不可能である. したがって、我々の目標は命題 (19) あるいは (20) の「危険性を小さくする」ことであって、絶対的な証明ではない. たとえば2651羽のカラスを調べた

ところ，みな黒かったとしよう．そこから

　　　すべてのカラスは黒い

と断定するのは勇気が要る．しかし

　　　ほとんどすべてのカラスは黒い

ということなら，かなりの自信をもっていえる．実際，世界中どこでもカラスの 0.5 パーセントが黒くなかったとすると，それが調査された 2651 羽の中に 1 羽も含まれない確率は

$$0.0000017$$

にすぎず，ほとんど「ありえない」といってよかろう（統計的背理法）——だから「99.5 パーセント以上のカラスは黒い」といって，まずさしつかえない．

　次に 2651 個の黒くないものを調べたところ，みなカラスではなかったとしてみよう．今度も「ほとんどすべてのカラスは黒い」と自信をもっていえるだろうか？

　前と同じようにカラスの何パーセントかが黒くなかったとして，それらが調査された 2651 個のものの中に 1 羽でも含まれるかどうかを考えてみよう．黒くないカラスが何羽であろうと，それらは野外にいる．だから，室内の調査では，それらはすべて見のがされてしまう——黒くないカラスがたくさんいることだって，そのような調査からは「ありえない」とはいえない！

　命題 (19) と (20) とは，論理的にはたしかに同値であるが，実証の方法として「野外に出るまでもない」とまでいうのはやはりまちがっている．

さいごに，実証の能率の問題について，補足を述べておこう．ある職場で，誰かが

  ここでは女性はタバコを吸わない   (21)

といいだした．本当だろうか？ これをたしかめるには，この職場の全女性にきいてみればよい．しかし命題 (21) は，論理的には次の命題と同値である．

  ここでタバコを吸う人は女性ではない．   (22)

だからタバコを吸う人について，女性かどうかを調べてもよいはずである．ではどちらが手っとりばやいだろうか．

女性が1人しかいないような職場なら，もとの (21) を直接たしかめればよい．しかし女性は何十人もいるが，タバコを吸うのは「あの3人だ」とわかっているような職場では，(22) を考えた方が手っとりばやい．このように，論理的に同値とは「能率も同じ」ということではなく，しかもどちらが能率がよいかは，場合によって異なるのである（これは統計的判断を下す場合についてもいえる）．

第 15 話
「遊び」のセンス

　　　いいか　愛と自由とあそびを手に入れたものだけが
　　　しんから心おきなくふるまうことができるのだよ．
　　　　　　　　　　——M. エンデ『サーカス物語』
　　　　　　　　矢川澄子訳，岩波書店，1984

1. 考える楽しみ

　数学でも碁・将棋でも,額に八の字を寄せて考える人がいる.根性物語の好きな人は,そういう姿に敬意を表するものらしい.若手の研究者の中にも「だって,考えるのは苦しいでしょう」という人がいる.

　しかし,考えるのを楽しむ人々もいるので,たとえば将棋の米長邦雄九段は,自分の消費時間をたしかめるのに「わたし,どれくらいタノシミましたか」ときくことがある.また中原誠名人は,毛糸の玉で遊ぶ子猫のように楽しそうに読みふけり,「こんな奴が相手じゃかなわん」と対局者の内藤国雄九段を慨嘆させたという.

　プロでも楽しむ人は楽しんでいるのだから,ましてアマチュアは,楽しまなければ損である.試験めあての勉強まで「楽しめ」とはいわない(いえない)けれど,手近なところに自分で楽しみを見つけられるとよいであろう.その点,模範的な人々の本をいくつか挙げてみよう.

　　安野光雅『新編 算私語録』朝日新聞社
　　戸村　浩『次元の中の形たち』日本評論社
　　柳瀬尚紀『翻訳困りっ話』白揚社

こういう楽しみ上手の方々から,遊び心を吸収されるとよい,と思う.私もせいぜい,自作のパズルを並べて,対抗してみることにしよう.

2. パズルのいろいろ

まずは軽い小話から．

> 妻「ねえねえ，あの人にスープでもご馳走してあげようよ」
> 夫「え？　あの人に何かウラミでもあんのか？」

拙著『逆説論理学』（中公新書）にも引用した，テレビドラマ「奥様は魔女」の一場面である．タイガー立石さんにこの話をしたら，彼は即座に笑いだした．しかし某文芸雑誌の某々記者は「変わった受けこたえだな，としか思わなかった」といっていたから，これでもパズルになるらしい．

問題 1.　上の夫婦の会話から，どんなことが推論できるか？　（なおこの 2 人は隣に住む，脇役の老夫婦）

第 5 世代コンピュータに答えさせたら，どうなるだろうか．

> 妻はウラミがある人にスープをご馳走したがる．

と答えるだろうか．そうは多分答えないであろう．これはもっともらしい推測かもしれないが，論理的に導かれるわけではない．これだけの話から確実にいえるのは，たとえば次のようなことである．

> 夫は妻の声をきくことができる．

厳格なコンピュータだと「**できた**」と答えるかもしれない．さらに多少の常識的判断をも加えると，次のようなことも

いえるであろう.

　　　この妻はスープを作ったことがある.

これでも答にはなるが, あまりおもしろくない. タイガー立石さんは, どんな推論をして笑ったのだろうか？ 答はこの章の最後に述べる.

　この問題は, わかれば簡単, わからないといくら考えてもわからない, というところがある (あまりマジメに考えないでください). そこで次は, きちんと考えれば必ず解ける問題を出してみよう.

　問題 2. アサコさん, カズコさん, ナツコさんは幼稚園の同級生です. この3人の生まれた月, 好きな色, 飼っている生きものをでたらめな順序で並べると, 次のようになります.

　　　1月, 7月, 11月.
　　　ピンク, 空色, 緑色.
　　　イヌ, ネコ, キンギョ.

　次のヒントから, 誰が何月生まれで, 何色が好きで, 何を飼っているかをあててください.

(1)　アサコさんはひとつ年下です.
(2)　ナツコさんはネコを飼っています.
(3)　緑色が好きな人は11月生まれで, キンギョを飼っています.
(4)　空色が好きな人は, イヌを飼っています.

ありうる組合せは有限 (216通り) であるから, 次々と洩れ

なく調べてゆけば，必ず見つかるはずである．どうやって早く見つけるかが腕の見せどころであるが，これも答は最後に示すことにしよう．

ところで，このようなパズルを考えることが，「遊び」といえるだろうか？　あまりお好きでない方もおられるかもしれないし，本誌の読者にはやさしすぎておもしろくないかもしれない．やはり『算私語録』に対抗することは容易でなく，パズルを並べて……という甘いたくらみは，成功とはいいがたいようである．しかし乗りかかった船で，今さら降りるわけにはいかない．次に，きちんと考えるだけでもダメ，思いつき一発だけでもすまない，というパズルを紹介してみよう．

問題 3.　安野，森，野﨑の3人が乗りこんだ宇宙船ウツクシースーガク号は，コンピュータの故障のためにアピョーン星に不時着した．地球の国際救助隊本部に秘密の暗号を送信すると助けにきてくれるのだが，かんじんのその暗号がわからない．コンピュータをなだめすかしてやっと，暗号は

　　ハメハメハ，
　　アハハノハ，
　　アロウハ，
　　ハメルン

の4種類で，これらが次のどれかを指示するのに使えることがわかった．

　　宇宙船の爆破，

天気予報,
音楽番組,
SOS.

安「しかし,どれがどれだか,わからんのだな」
野「何回やってもいいんだから,ぜんぶためしてみたら?」
森「そりゃあかん.音楽番組ならええけど,爆破の暗号やったら,みなふっとばされてしもう」
安「天気予報のさいごは,たしかハだった」
森「天気予報と音楽番組は,字数が同じやったな」
野「音楽番組とSOSは,アで始まる,いや,ハだったかな,ともかく最初が同じ文字でしたよ」
さて,どうすればよいでしょうか?

これはヒントなしで考えていただこう.正解は最後に述べる.

3. 言葉の遊び

　私がやっている研究は,コンピュータを使う実験的な部分もあるが,理論的な部分はだいぶ浮世から離れていて,半分は遊びのようなものである.何月何日まで,というような期限があるわけでなく,もともと何時間考えれば必ず解けるという保証もないし見通しも立てられない.運よくスパッと解けてしまうこともあるし,散々考えてうまくいかなかったうえ,どこかの誰かにあっさり解かれてしまう

ことだってある．そこで望まれるのは，成功すれば喜び失敗したときは落胆しないという，余裕，あるいはユーモアの精神である．「遊び心」といってもいいかもしれない．それなら言葉遊びに親しむことは，数学を楽しむのにもいくらかはプラスになるかもしれない——数学者は言葉の魔術師なのだから．

　ところで言葉の遊びは次のふたつに大きく分けられる．**言葉の形についての遊び**と，意味の上のゲームである．**言葉の形**とは，意味を無視した図形的排列であって，いまも遊んでいるのは，各行の先頭の文字を拾うと，言葉が浮かび上がる，という遊びである．これをアクロスティックという．特に短歌や俳句で，各句の先頭を拾うと言葉になるものは，折句といわれる．英語では

> A boat, beneath a sunny sky,
> Lingering onward dreamily
> In an evening of July——
> Children three that nestle near,
> Eager eye and willing ear,
> ....

で始まる，

　　　　ALICE PLEASANCE LIDDELL

を詠みこんだルイス・キャロルの詩が有名である．日本語では，柳瀬尚紀さんの，

ホフスタッター著ゲーデルエッシャーバッハ……
で始まる長文を上下に詠みこんだダブル・アクロスティッ
クがある．私も以前，数学の教科書にイタズラを仕掛けよ
うと，5つの章の扉を，次のような「いろはがるた」で飾っ
てみた（『高等学校の基礎解析』三省堂）．

　　ねんにはねんをつかへ，
　　ていしゅのすきなあかるぼし，
　　いぬもあるけばぼうにあたる，
　　るりもはりもてらせばひかる，
　　よしのずゐからてんじゃうをみる．

これはきびしい検定を堂々と通過したから，文部省公認の
アクロスティックといってよいだろう．現場の先生方や生
徒たちの何人がこれに気付いたかはわからないが，先頭の
5文字が回文[1]にもなっていることまで気がついた人は，
めったにいないのではなかろうか（なお最後の文を「われ
なべにとじぶた」にしようか，とも思ったが，編集部とも
相談のうえ，おとなしい「よしの……」の方にしておい
た）．

---

1)　回文とは，ふつう「上（左）から読んでも下（右）から読んでも
同じ」文，タケヤガヤケタなどを意味するが，広くは「逆もまた意
味をなす文」，たとえば上のネテイルヨとかイタミノサケなども
意味しているとのことである（塚本邦雄『ことば遊び悦覧記』河
出書房新社，56 ページ．これもなかなかの本です）．

3. 言葉の遊び

さて，意味上のゲームとは，論理パズルといってもよいが，言葉の意味解釈にかかわる遊びである．たとえばこんな話はどうだろう（これは私の創作ではない：R. スマリヤンが幼いときの実話だそうである）．

　ある年の4月1日の朝，お兄ちゃんのヨシヒコ君は弟のマサヒコ君を呼んで，こんなふうにいった．
　ヨ「今日はエープリル・フールといって，ウソをついてもいいんだぞ．夕方までに何かひとつウソをついて，ダマしてやるからな」
　マ「へえ，ダマされませんよーだ．絶対ひっかからないからね」
ところがヨシヒコ君は，それから夜まで，アタリマエのことしかいわない．ちっともダマそうとしてくれないので，おもしろくないマサヒコ君は，お母さんのミサコさんに泣きついた．そこで……
　ミ「マサヒコが寝られないんですってよ．何かダマそうとしてやってちょうだい」
　ヨ「もうダマしたよ．夕方までにウソをつくといったのが，ウソだったのさ」
　ミ「……?!」
その話をきいたマサヒコ君は，一度はなるほどそうか，と思った．ところがよく考えてみるとおかしい．「ウソをつく」といったのがウソなんだろうか？　もしウソだとしたら，「ウソをつく」といって事実「ウソ

をついた」のだから，それはホントウだった，つまりウソではなかった，ということになる．だから僕はやっぱり，ダマされていない．でも，そうだとすると，お兄ちゃんが「ウソをついてダマす」といったのはウソだったわけで，それに気がつかなかった僕はダマされていた……わーん，わかんないよー．

問題 4. というわけで，本当に寝られなくなってしまったマサヒコ君を，助けてあげてください．彼はダマされたのでしょうか？ お兄ちゃんが「ウソをつく」といったのは，ウソ？ ホント？

この問題を一般教養の講義で出題したところ，弟・妹グループからかなり強烈な解答が出てきた．

「お兄ちゃんはズルイ．マサヒコ君はカワイソー」
「このような場合，親は弟をかばって，お兄ちゃんにいじわるをしないよう，注意しなければならない」
「私も小さいとき，よく兄にやりこめられてくやしい思いをした．だから弟の気持がよく理解できるのである」

しかしこれでは，私も弟であるから同情はできるが，問題に対する解答にはなっていない．社会正義の問題としてでなく，論理の問題として，マサヒコ君はダマされていたの

だろうか，それともダマされていなかったのだろうか？

　素朴に考えれば，「ダマされるもんか」と緊張していて，まんまと肩すかしを食ったのであるから，事実としてダマされていたことになるであろう．しかしその緊張の内容を考えてみると，兄弟の理解に食い違いがあることがわかる．実際，弟のマサヒコ君にとっては，お兄ちゃんが「ダマしてやるからな」といってから**あと**，もうひとつウソをつくかどうかが問題だった．だから，このゲームの中には，兄の「ダマしてやるからな」という言葉自身は含まれていない．一方，お兄ちゃんにいわせれば「ダマしてやるからな」といったときにすでにゲームは始まっていたので，だからこそ「それがウソだったのさ」といえるのである．このように，いわばルールの違うゲームを戦っていたわけで，その点を指摘して「この勝負，引きわけ」とか「こんなふうに弟をダマしてはいけない」ということはできる．ただそれにしても，兄は弟の誤解（ある意味で自然な理解）を予測していたので，やはりヨシヒコお兄ちゃんの方がうわ手であったといえる．

　ではお兄ちゃんが「ウソをつく」といったのは，本当なのだろうか？　ウソを「いつ」つくかの範囲に，この言葉自身を含めないとすると，これはウソだったわけで，そこにマサヒコ君の不満があった（それが結果的に「ダマされた」原因である）．一方，この言葉自身を含めてよいとすると，奇妙なことになる．

　　「ウソをつく」が正しい

とは，ほかにウソをついていないとすると，

　　　　「ウソをつく」自身がウソである

ことにほかならない．また

　　　　「ウソをつく」自身がウソである

とすると，事実ウソをついたのだから，

　　　　「ウソをつく」は正しい

ということになる．これは自己矛盾であるから，この解釈のもとではお兄ちゃんの「ウソをつく」という言葉は，本当ともウソともきめられない，無意味な言葉である，ということになる．

　では「ウソをついてダマす」といったのは本当だろうか．本当のことと無意味なことしかいっていないとしたら，それはウソである．「ダマす」だけならどうだろうか．事実ダマされたとすれば，それは本当だったわけである！

　こんな説明で，納得していただけたろうか？　納得できない人も，少なくないことと思う．この章の目的は，半ばは挑発であって，実は必ずしも説得ではない．「そんなバカな……」とご自分の説を立てる楽しみを奪わないために，私の説明はこれで打ち切ることにしよう．

解答

1.　こういう答は書きたくないのだけれど，2人の会話からトーゼン推論できることは：奥さんのスープはとてもまずい！

2. アサコさんが「同級生でひとつ年下」ということは早生まれ，つまり 1 月生まれである．アサコさんの飼っている生きものはネコ（ナツコさん）でもキンギョ（11 月生まれの人）でもありえないのでイヌ，したがって好きな色は空色である．あと少し考えると，次の表Ⅰのような組合せしかありえないことがわかる．

表Ⅰ

児童名	生まれ月	好きな色	ペット
アサコ	1 月	空色	イヌ
カズコ	11 月	緑	キンギョ
ナツコ	7 月	ピンク	ネコ

3. かりにハメハメハが天気予報だとすると，
　　アハハノハ（同じ字数）が音楽番組，
　　アロウハ（最初の文字がア）が SOS

表Ⅱ 暗号解釈の可能性

可能性 \ 解釈	1	2	3
天気予報	ハメハメハ	アハハノハ	アロウハ
音楽番組	アハハノハ	ハメハメハ	ハメルン
SOS	アロウハ	ハメルン	ハメハメハ
爆破	ハメルン	アロウハ	アハハノハ

であるから，残りのハメルンが爆破の暗号である．しかしほかにも可能性があるので，全部を表にすると，表IIのようになる（ハメルンだけは，最後がハでないから，天気予報の暗号になりえない）．

　これではどれがSOSだかわからない．ではどうすればいいのか？　「何回やってもいいんだから」爆破さえ避けられればいい．それにはハメハメハを送信すればよいので，天気予報が返ってきたらSOSはアロウハ，音楽が流れてきたらSOSはハメルンである．さもなければハメハメハがSOSなので，3分以内に亀井国際救助隊長の元気のいい声が地球から送られてくるはずである．

第16話（番外）
確率のふしぎ

左手で吾の指ひとつひとつずつさぐる仕草は愛かもしれず
　　——俵万智『サラダ記念日』河出書房新社，1987

1. 確率のふしぎ

確率にはふしぎなところがたくさんある．
(1) 「まるでわからない」という人でも，けっこう上手に使っている．
(2) 「よくわかっている」つもりの人でも，あんがいよくまちがえる．

「ぼくはどうも……」という人でも，「どんなふうに話をすれば成功率が高いか」とか何とか考えたことがあるとしたら，それは確率の実践的応用である．まして，雑誌『数学セミナー』などを読めば，ちょっとした通になれること，うけあいである．

しかし通にも手ごわい問題は，いくらでもある．たとえば，こんな問題はどうだろうか．

> さいころを1回振って，6のメが出る確率は，$1/6$である．したがって，6回振って，6のメが出る確率は
> $$\frac{1}{6}+\frac{1}{6}+\frac{1}{6}+\frac{1}{6}+\frac{1}{6}+\frac{1}{6}=1.$$
> つまり，さいころを6回振れば，1回は必ず6が出る．

問1 この議論は正しいか．もし正しくないなら，どこが誤りか．

(ヒント："加法定理"が成りたつ条件は？)

1. 確率のふしぎ

　いつかクラスでこの問題をとりあげたとき,「この議論は正しい」という人が現われた.
　「でも，10回振って1回も6のメが出ないことだってあるでしょう？」
　「ええ，だから確率論は役に立たないんですよ.」
　「ググ……」
　問 2　このような人は，どうすれば正しく説得できるだろうか？

　確率とは，平たくいえば，割合のことである．だからどこかで割り算しないと答が出てこない．そうかといって，身長を体重で割っても確率にはならないので，何を何で割るかが問題である．

　　高速道路で夜間に路側帯に停車中，追突された車24台について調べたところ，テール・ライトを消していた車は2台しかなかった．
　　したがって夜間，道路わきに停車するときは，テール・ライトをつけるよりも消した方が安全である．

これは某週刊誌に「意外な事実」として紹介されていた話である．さる博識の評論家が「なぜ消した方が安全なのか」という心理学的・人間工学的理由をいろいろ書いていたが（ふしぎ！），この推論は少なくとも確率論的には誤りである．

問3 さっきのデータからは「テール・ライトを消した方が安全だ」という結論は出てこない．なぜか？

私は中央高速を走っていて，夜間にすべてのライトを消して停車中のトラックに接触しそうになったことがあるせいか，さっきの結論そのものがマチガイだと（非・確率論的に）固く信じているが，それはさておき，「より安全である」という言葉を「事故を起こす確率（割合）がより小さい」と解釈してみよう．すると，何の割合を何の割合とくらべればよいのだろうか？

ヒント 次の話と比較して考えてほしい．

「ある刑務所の囚人の血液型を調べたところ，約4割がA型で，約1割がAB型であった．したがって，A型の人はAB型の人より刑務所に入りやすい」，

「東名高速で事故を起した車1987台を調査したところ，時速200キロ以上で走っていた車は2台しかなかった．したがって，時速200キロ以上で走った方が安全である」，

「去年ビルから飛びおりて死んだ人は13人で，人工衛星から飛びおりて死んだ人はいなかった．したがって，ビルから飛びおりれば死ぬかもしれないが，人工衛星から飛びおりても死なない」

2. ベルトランのパラドックス

次に，もう少し本格的な「ふしぎ」を紹介しよう．半径1の円と，それに内接する正3角形を考える．3角形の1辺

231

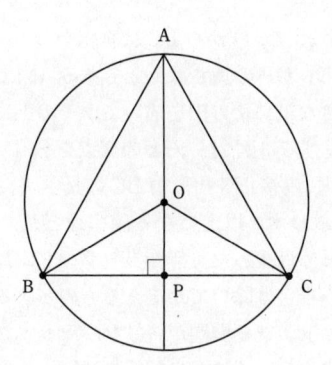

図1 円と内接正3角形

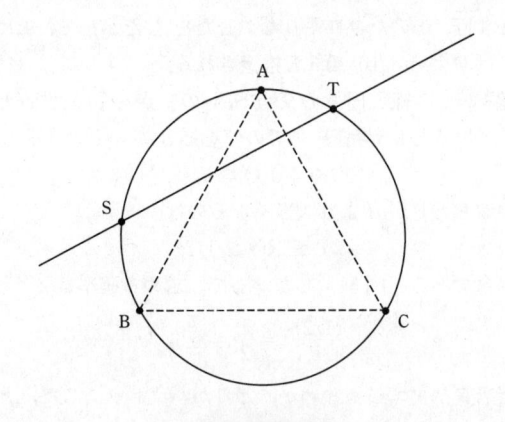

図2 円を直線で切る

BCの長さは$\sqrt{3}$で,OからBCに垂線をおろすとBCの中点Pで交叉し,OPの長さは1/2である(図1).

さて,大きな紙にこの円を描いて,その上に長い棒(無限直線)を投げる(図2).円との交点をS,Tとしたとき,STの長さが,内接正3角形のBCの長さ($\sqrt{3}$——以下これをdであらわす)以上になる確率はどれくらいだろうか? ただし棒はまったく無作為(ランダム)に投げ,円と交叉しない場合は除いてかぞえるものとする.

この一見オトナシイ問題が奇妙なパラドックスを生むのであるが,まずはいくつかの解答を述べよう.

[**解1**] 紙に半径10センチの円を描いて,鉛筆をころがしてみたところ,10回中6回,STがd($=10\sqrt{3}$センチ)より長くなった(ついでながら,エンピツが円から外れたこと4回,そのたびにやりなおした).したがって,求める確率はおよそ6/10=0.6と推定される.

[**解2**] 直線と円との交点S,Tの中点をRとすると,ROは0以上1(半径)までの値をとる:
$$0 \leq RO \leq 1.$$
そのうちSTがdより大きくなるのは
$$0 \leq RO \leq 1/2$$
の場合である(図3).したがって,求める確率は
$$\frac{(1/2)}{1} = \frac{1}{2} = 0.5.$$
何だアタリマエじゃないか,どこがパラドックスだ,と怒りださないでほしい.問題はこれからなのである.

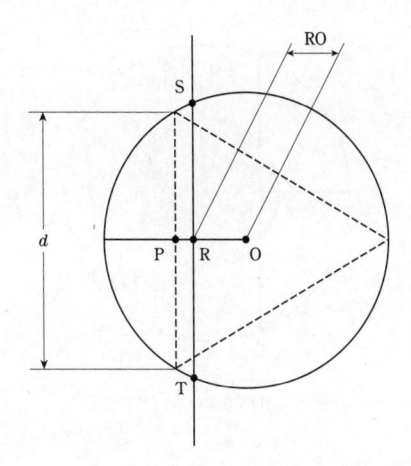

図3 RO≦PO ならば ST≧d

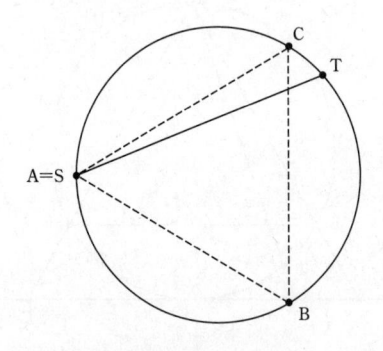

図4 T が弧 BC 上にあれば ST≧d

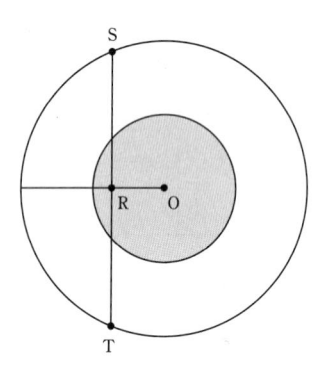

図5 RO≦0.5 ならば ST≧d

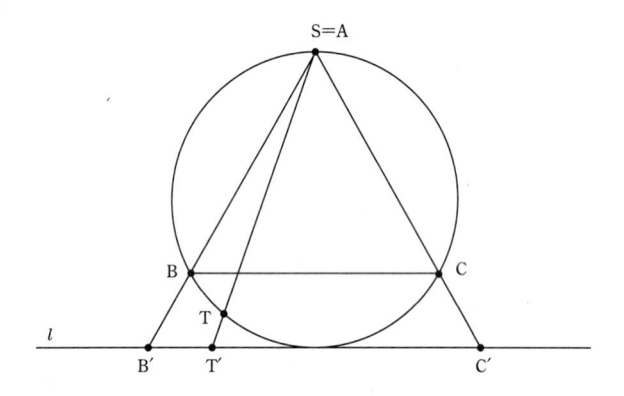

図6 T′ が B′C′ 上にあれば ST≧d

2. ベルトランのパラドックス

[**解3**] 交点のひとつSを頂点とする内接正3角形ABCを考える（図4）．STがdより長くなるのは，Tが弧BCの上に位置する場合である．したがって，求める確率は，

$$\frac{\text{弧 BC の長さ}}{\text{全円周}} = \frac{1}{3}.$$

フムフムなるほど．これもうまい解法だ．しかし，ちょっと待ってください．さっきと答が違います！——まだある．

[**解4**] STの中点Rは，円内のどこかに位置する．そのうちSTがdより長くなるのは，OR≦0.5の場合，つまりRがOを中心とする半径0.5の円内（図5の灰色部分）に位置する場合である．したがって，その確率は，

$$\frac{\text{内側の円の面積}}{\text{全円の面積}} = \frac{\pi \times (1/2)^2}{\pi \times 1^2} = \frac{1}{4}.$$

[**解5**] Sのちょうど反対側に円の接線lをひく．STを延長してlとの交点T′を求める（図6）．また，S（=A）を頂点とする内接正3角形ABCを描き，ABの延長とlとの交点をB′，ACの延長とlとの交点をC′とする．

すると，STがdより長くなるのは，T′が線分B′C′の上に位置する場合である．したがって，その確率は

$$\frac{\text{B′C′ の長さ}}{l \text{ の長さ}} = \frac{\text{有限}}{\text{無限}} = 0.$$

直線のlの代わりに図7のl'，l''のような曲線を使えば，どんな答でも出せる！——これがベルトランのパラド

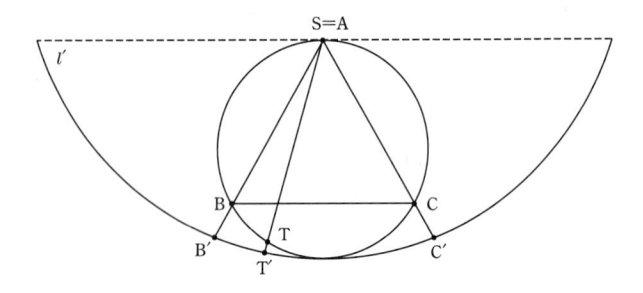

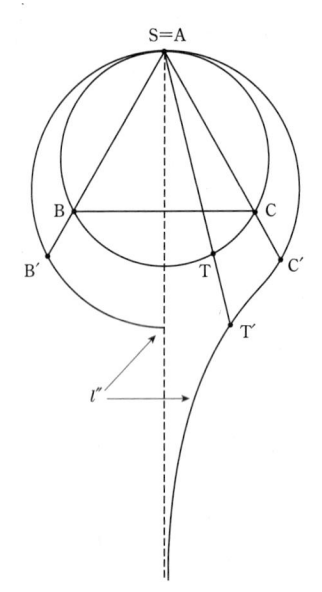

図7 曲線 l', l''

l'' では $ST<d$ となる確率 $=(B'C'$ の長さ/曲線 l'' の長さ$)=0$, ゆえに $ST \geqq d$ となる確率 $=1$.

ックスである．

3.「真実はひとつ」か？

どの答が本当なのだろうか？「真実はひとつ」だとすれば，正しい答がふたつも3つもあってはたまらない．私の個人的な趣味からすれば解2が好きで，「これこそ正解」とひそかに思っているのであるが，「好きよ」では数学にならない．そこで，解1と解5はまあ論外として，ほかの3つについて考えなおしてみよう．

解4では，中点Rが円内のどこに落ちるかを考えている．そして，

> Rがある領域に落ちる確率は，その領域の面積に比例する

という前提で計算をしている——落ちやすさは円内のどこでも**一様**，ということである．だからこそ

$$\frac{\text{内側の円の面積}}{\text{全円の面積}}$$

のような計算ができるのである．広い領域には落ちやすいだろうし，狭い領域には落ちにくいだろうから，この前提は大変もっともらしい．しかし「証明しろ」といわれても困るので，一応「仮定」として，**仮定 IV** と名付けることにしよう．仮定 IV が正しければ，この答は正しい．

解2では，OR の長さ x がどの範囲におさまるかを問題にしている．そして，x の値のとり方には偏りがなく，$0 \leq x \leq 1$ の範囲で**一様**であること，すなわち

x がある範囲におさまる確率は，その範囲の"幅"
　　（長さ）に比例する

という前提で計算をしている．この前提を**仮定 II** と呼ぶ
ことにしよう．仮定 II が正しければ，解 2 は正しい．

　ところで仮定 II によれば，
$$0 \leqq x \leqq 0.1 \tag{1}$$
となるのも，
$$0.9 \leqq x \leqq 1 \tag{2}$$
となることと同じ程度に起りやすい（同じ確率 0.1）はずで
ある．それはそうかもしれない——が，R が同じ円内のど
こに落ちるかで考えると（図 8），条件 (1) は R が内側の
小円内に落ちることであり（$x=\mathrm{OR}\leqq 0.1$），条件 (2) は R

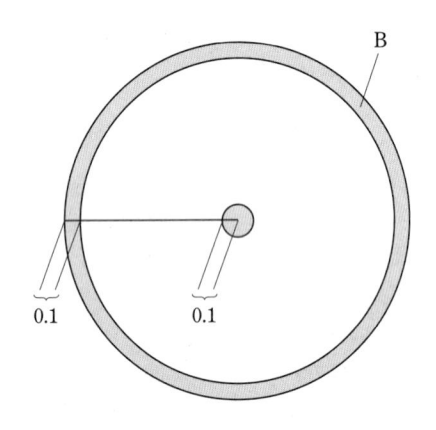

図 8　条件 (1), (2) の比較

が外側の帯 B に落ちることを意味している．仮定 IV が正しいとすれば，(1) の確率より，(2) の確率の方がずっと大きいはずである！

この違いは，次のように述べることができる．
　(ア)　仮定 IV（中点 R の落ちかたは，円内で一様）が正しいとすれば，$x=\mathrm{OR}$ は 1 に近い値をとりやすい．したがって仮定 II は誤りである．
　(イ)　仮定 II（x の値は $0 \leq x \leq 1$ の範囲で一様）が正しいとすれば，中点 R は周辺にも中心 O の近くにも同程度落ちやすいので，仮定 IV は誤りである．

このように，同じ「でたらめさ」のいいかえのように見えるふたつの仮定が，実は「でたらめさ」の，鋭く対立するふたつの異なる解釈を与えているのである．

解 3 では，T が円周上のどの部分に落ちるかを考えている．そして

　　　T が円周上のある部分に落ちる確率は，その部分の
　　　長さに比例する

という仮定（**仮定 III**）が使われている．これも「でたらめさ」の新しい解釈で，仮定 II，IV とは矛盾する．

では結局，どれが正しいのだろうか？　小針晛宏氏は「**みな正しい**」（参考文献 [1] 9 ページ，下から 7 行め）という．それぞれ仮定さえ正しければ，その答も正しいのだ．どの仮定（専門用語を引用すれば，どの確率分布）が正しいかは，数学**以前**の問題であって，数学の問題ではない――そういう意味で，みな正しい，ともいえる．そしてそ

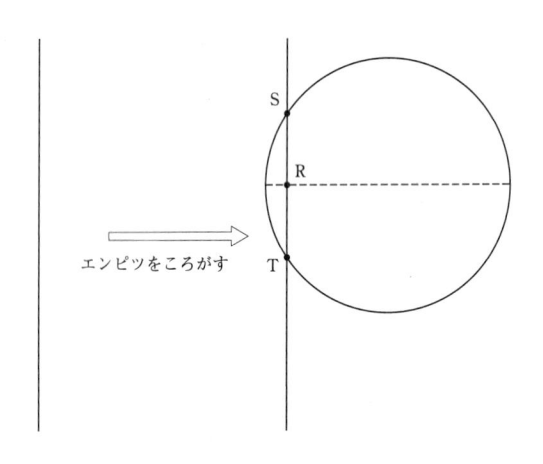

図9 "エンピツ直線"は直角方向に平行移動する

のいい方は,「どれに○をつければいいのですか,教えてください」という学生には実に衝撃的かつ教育的である.

要するに,「でたらめに棒を投げる」という言葉がアイマイで,数学の問題にはなっていないのである.「実験をしてみればわかるのではないか」と思われるかもしれないが,実験のしかたをきめるときに,どれかの仮定を選ばざるをえない.たとえば,解1では私はエンピツをある一定方向から,円に向かってころがした.だから「STの中点Rは,あるきまった直径の上を移動する」と考えてよく(図9),特に円の中心をめざして投げるのでなければ,仮定IIが成り立つと考えてよかろう.実際,解2の答(0.5)に近い結

3. 「真実はひとつ」か?　　241

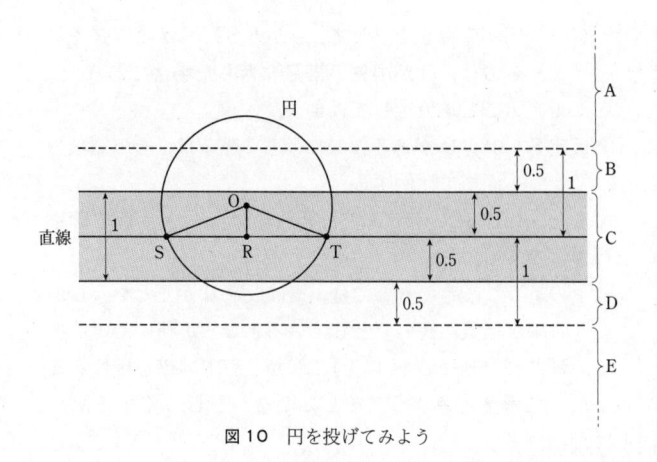

図10　円を投げてみよう

果が出ている．

　すなおにころがすのでなく，回転やひねりを加えて投げてみたら，どうなるのだろうか？　それはもはや物理学か工学の問題であって，数学の問題ではない——と逃げないで，もう少しつきあってみよう．

　相対性理論（？）によれば，円を固定して直線を投げることは，直線を固定して円を投げることと同等である．そこで円をでたらめに投げることにすると，次のことがいえる．

　（ア）　図10において，中心Oが帯の外A, Eに落ちた場合，円と直線は交叉しない（無視してよい）．

(イ) 円が直線と交叉して,しかも ST が d より長くなるのは,O が中央の帯 C に落ちた場合である.

ここで次のことを仮定してみよう.

仮定 S:中心 O がある領域に落ちる確率は,その領域の面積に比例する.

すると,(直観的にほとんど)明らかに,(イ)が起る確率は 1/2 である.

上のような設定のもとでは,実は仮定 II が正しい.しかし「直線が無限に長い」としているところが利いているので,長さが十分長い (4 以上),しかし有限の棒を投げることにして考えてみよう.そして話をおもしろくするために,

棒の中心 C が円の外に出たときはやりなおす(かぞえない)

ことにする.つまり

$$OC \leq 1 \qquad (3)$$

の場合だけ考えるのである.それでも相対性によって,棒を固定して円をでたらめに投げる,といいかえることはできる.すると式 (3) から,円の中心 O は,C を中心とする半径 1 の円の中になければならない.そして,その中で ST が d より大きくなるのは

O から棒(直線)までの距離が 1/2 以下,

すなわち図 11 の灰色の領域 G に落ちた場合である.したがってその確率は,仮定 S のもとで次のようになる(なぜでしょう?)

243

```
この円を投げる        投げた円の中心Oは,この
                    範囲内にないといけない
                    (でないとやりなおし)
```

棒の中心C

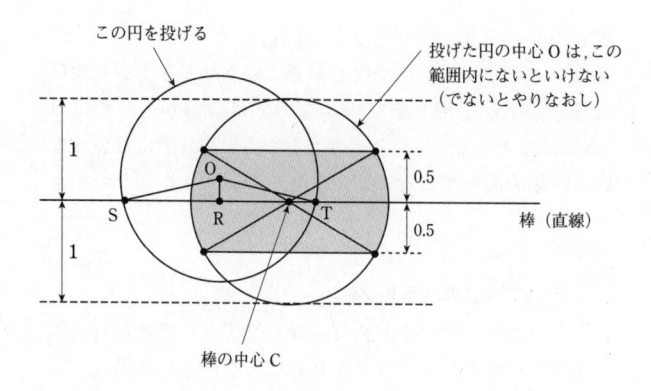

図11 円をでたらめに投げ,その円の中に棒の中心Cが入ったときだけ考える.

$$\frac{G \text{の面積}}{\text{全円の面積}} = \frac{(\pi/3)+(\sqrt{3}/2)}{\pi \times 1^2}$$
$$= \frac{1.047\cdots + 0.866\cdots}{3.14159\cdots}$$
$$= 0.6089\cdots.$$

ほかにもいろいろなモデルで計算することができるが,「パラドックスの原因は問題のあいまいさにある」ことはもはや明らかであろうから,あとは熱心な方におまかせしよう.それにしても,問題は一見ごくオトナシく,すぐにも答が出そうなところが,この話のおもしろいところである.

ところで小針氏のように「どの仮定が真理への道か,な

どというせんさくは不毛である」([1])とまでいわれると，私はちょっと反発したくなる．そういうせんさくをしなければ，数学が応用と結びつかないではないか！　やはり「真実はひとつ」――かどうかはしかし，私の手には負えない．確率の問題では**ない**が，皆さんのお考えを知りたいものである．

4. ペテルブルグのパラドックス

　図をひととおりかきおえて，ひとやすみしていたら，顔見知りの悪魔がやってきて，私にこんな賭をすすめた（以下，[3] 89ページからの引用）．

　　　これから10円玉を何回も投げるよ．1回でも表が出たら勝負は終わりで賞金を払う．第1回めに表が出たら賞金は2円，1回めが裏で2回めに表が出たら賞金は4円だ．裏が出るたびに，賞金は2倍になる．19回裏が出続けて，20回めに表が出たら，賞金はざっと百万円だ．ところで，君は最初にいくらか払わなきゃいけない．いくらにしようか？

私は期待値を計算してみた．「金額×確率」を計算して，次のようにたしあわせればよい．

$$2(円) \times \frac{1}{2} + 4 \times \frac{1}{2^2} + 8 \times \frac{1}{2^3} + 16 \times \frac{1}{2^4} + \cdots.$$

おやこれは，$1+1+1+1+\cdots$，無限大ではないか？

> そうなんだよ．君は絶対，トクなんだ．どうだい，10万円ぐらい払ったら？

この賭は，ほんとうにトクだろうか？

　私なら，「時間がない」ことを理由に，10円ぐらいしか払わないだろう．しかし「絶対トクだ」という証明も誠にもっともらしく，「10万円も払っては大損だ」という我々の直観に反する——これが「パラドックス」と呼ばれる理由である（「ペテルブルグ」と冠せられるのは，この問題が18世紀にパリと聖ペテルブルグ（旧レニングラード）の学者の往復書簡で研究されたことに因む，という）．しかし与えられたスペースをすでに超過しているので，ここでは紹介にとどめておこう．ご不満の方は，[2]，[3] などで研究していただきたい．

参考文献
[1]　小針晛宏『確率・統計入門』岩波書店 (1973)
[2]　エミール・ボレル『確率と確実性』彌永・高橋共訳，白水社 (1952)
[3]　文部省検定済『高等学校の確率・統計』三省堂 (1984)

あとがき

　私が数学にとりつかれたのは，高校1年のときであった．以来ざっと35年，このふしぎな科学にかかわってきたことになる．大した貢献ができたわけではないが，数学のおもしろさを味わい楽しむことはできたので，この道に進んで「よかった」と思っている．この楽しさを万人に「おしつける」つもりはまったくないが，本当は好きになれるはずなのに「食わず嫌い」の人々や，せっかく勉強しているのに「イマイチ乗りきれない」という人々に，「ちょっと見てください．こんなところに，おもしろい花が咲いているんですよ」と注意をひいてあげるのは，悪いことではあるまい——そんな希望的観測から，本書が生まれた．

　本書の内容はもともと，雑誌『数学セミナー』（日本評論社）に，1984年5月から翌年7月までに15回にわたって連載した記事に，同誌1984年3月号の記事「確率のふしぎ」をつけ加えたものである．再編にあたって，文章に少し手を加えたほか，順序を大幅に変更した．変更の趣旨は，読みやすいもの・一般性のある話を前にし，数学的に進んだ話題をあとに回すということで，なるべく多勢の方々にとりつきやすいように工夫してみたつもりである．その結果，私の考えの核心的な部分である「空間のセンス」，「美的センス」，「知的センス」（連載では第1回～第3回）が第

8〜10話におさまることになった．他の話はすべて，これら3話に対する「いろいろな角度からの補足」とお考えいただいてよい．

　連載の標題のイラストレーションと本書の装幀をおひきうけくださった安野光雅さん，連載の原稿督促と校正をしてくださった内海寿巳さん，それに本書をまとめるにあたってご苦労くださった亀井哲治郎さん，ありがとうございました．仮名として実名をお貸しくださった方々にもお礼を申しあげます．皆様のお陰で，とても楽しく書き進めることができました．あとは著者の勝手な楽しみが，いくらかでも読者の方々に伝わることを祈るのみです．

　1987年8月31日

野﨑昭弘

文庫版あとがき

 本書のもとになった雑誌『数学セミナー』(日本評論社)での連載から，20年以上が過ぎた．その間に，バブル景気とその崩壊,「金のためなら平気で規則や慣習を無視する」風潮や経済的格差の拡大など，いろいろなことがあった．
 教育も例外ではなく,「教育実績」による学校と教員・生徒の差別化が進められている．しかしその「実績」は,「標準的な問題を決められた時間内にたくさん解く」力，具体的には「標準的な試験の点数」で測られるので，多くの学校が「目先の評価をあげる」ために「教科書の問題を早く解く」訓練ばかりに熱中している．だから昔は「数学がキライな子」はほとんどみな「数学ができない子」であったが，今は「数学は，できるけれど（つまらないから）キライだ」という子がふえているのである．
 大学生にむずかしすぎる質問をすると，昔は返答に困って考え込むものであったが，今は間髪を入れず,「わかりません」という答えが返ってくることがある．「わかる」と「知っている」とはもはや同義語で,「わからなければ，わかるまで考える」学生は今や絶滅危惧種である．社会に出て，国際的な競争にさらされればなおのこと，教科書にあるような問題は出ないので，局面に応じて「考える力」が要求されるのに，そういう力は評価されない．これでは日

本の誇る高い技術力も遠からず落ち込んで，アジアの開発途上国に追いつき追い越され，食糧の自給のできない日本の国民は飢え死にすることになりかねない．

　しかし希望の芽もないわけではない．苦しい管理体制の中で，子どもがほんとうに好きで，「考える楽しさを体験させる授業」，「わかるうれしさを味わえる授業」を心がけている先生方がおられる．また「覚えれば勝ち」式の教育で伸ばせなかった知的好奇心を，大人になっても失わずに，この「ちくま学芸文庫」のようなレベルの高い書籍を読まれる人々もおられる．これからも日本人の間に「好奇心」・「向学心」と，新しい問題について「考える」力が滅びないことを，願わずにはいられない．

　文庫版の刊行に当たっては，編集担当の岩瀬道雄さん，また『数学セミナー』以来のご縁で亀井哲治郎さん（現・亀書房）に，いくつか不適切な表記・表現のご指摘を含めて，たいへんお世話になった．末筆ながら，厚くお礼を申し上げたい．

　　2007 年 1 月

　　　　　　　　　　　　　　　　　　　　野崎昭弘

本書は、一九八七年十月十五日、日本評論社より刊行された。

書名	著者	紹介
数学の楽しみ	テオニ・パパス 安原和見訳	ここにも数学があった！ 石鹸の泡、くもの巣、雪片曲線、一筆書きパズル、魔方陣、DNAらせん……。イラストも楽しい数学入門150篇。
相対性理論（下）	W・パウリ 内山龍雄訳	アインシュタインが絶賛し、物理学者内山龍雄をして、研究を抛いででも訳したかったと言わしめた。相対論三大名著の一冊。
物理学に生きて	W・ハイゼンベルクほか 青木薫訳	「わたしの物理学は……」ハイゼンベルク、ディラック、ウィグナーら六人の巨人たちが集い、それぞれの歩んだ現代物理学の軌跡や展望を語る。
調査の科学	林知己夫	消費者の嗜好や政治意識を測定するとは？ 集団特性の数量的表現の理の解析手法を開発した統計学者による社会調査の論理と方法の入門書。〈吉野諒三〉
ポール・ディラック	アブラハム・パイスほか 藤井昭彦訳	「反物質」なるアイディアはいかに生まれたのか、そしてその存在はいかに発見されたのか。天才の生涯と業績を三人の物理学者が紹介した講演録。
近世の数学	原亨吉	ケプラーの無限小幾何学からニュートン、ライプニッツの微積分学誕生に至る過程を、原典資料を駆使して考証した世界水準の作品。〈三浦伸夫〉
パスカル 数学論文集	ブレーズ・パスカル 原亨吉訳	『パスカルの三角形』『円錐曲線論』「幾何学的精神について」など十数篇の論考を収録。世界的権威による翻訳。〈佐々木力〉
幾何学基礎論	D・ヒルベルト 中村幸四郎訳	20世紀数学全般の公理化への出発点となった記念碑的著作。ユークリッド幾何学を根源まで遡り、新たな観点から厳密に基礎づける。
和算の歴史	平山諦	関孝和や建部賢弘らのすごさと弱点とは。そして和算がたどった歴史とは。和算研究の第一人者による簡潔にして充実の入門書。〈鈴木武雄〉

代数入門　遠山啓

文字から文字式へ、そして方程式へ。巧みな例示と丁寧な叙述で「方程式とは何か」を説いた最晩年の名著。遠山数学の到達点がここに！（小林道正）

生物学の歴史　中村禎里

進化論や遺伝の法則は、どのような論争を経て決着したのだろう。生物学とその歴史を高い水準でまとめあげた壮大な通史。充実した資料を付す。

不完全性定理　野﨑昭弘

事実・推論・証明……。理屈っぽいとケムたがられた話題を、なるほどと納得させながら、ユーモアたっぷりにひもといたゲーデルへの超入門書。

数学的センス　野﨑昭弘

美しい数学とは詩なのです。いまさら数学者にはなれないけれどそんな期待に応えてくれるやさしいエッセイ風数学再入門。

高等学校の確率・統計　黒田孝郎／森毅／小島順／野﨑昭弘ほか

成績の平均や偏差値はおなじみでも、実務の水準とは隔たりが！基礎からやり直したい人のための説の検定教科書を指導書付きで復活。

高等学校の基礎解析　黒田孝郎／森毅／小島順／野﨑昭弘ほか

わかってしまえば日常感覚に近いものながら、数学挫折のきっかけの微分・積分。そんな人にひもといた再入門のための検定教科書第2弾！

高等学校の微分・積分　黒田孝郎／森毅／小島順／野﨑昭弘ほか

高校数学のハイライト「微分・積分」！その入門コース「基礎解析」に続く本格コース。公式暗記の学習からほど遠い、特色ある教科書の文庫化第3弾。

トポロジーの世界　野口廣

ものごとを大づかみに捉える。その極意を、数式に不慣れな読者との対話形式で、図を多用し平易・直感的に解き明かす入門書。（松本幸夫）

エキゾチックな球面　野口廣

7次元球面には相異なる28通りの微分構造が可能に！フィールズ賞受賞者を輩出したトポロジー最前線を臨場感ゆたかに解説。（竹内薫）

数は科学の言葉　トビアス・ダンツィク　水谷淳訳

数感覚の芽生えから実数論・無限論の誕生まで、数万年にわたる人類と数の歴史を活写。アインシュタインも絶賛した数学読み物の古典的名著。

一般相対性理論　P・A・M・ディラック　江沢洋訳

一般相対性理論の核心に最短距離で到達すべく、卓抜した数学的記述で簡明直截に書かれた天才ディラックによる入門書。詳細な解説を付す。

幾何学　ルネ・デカルト　原亨吉訳

哲学のみならず数学においても不朽の功績を遺したデカルト、『方法序説』の本論として発表された『幾何学』、初の文庫化！（佐々木力）

不変量と対称性　今井淳/寺尾宏明/中村博昭

数とは何かそして何であるべきか
変えても変わらない不変量とは？　そしてその意味や用途とは？　ガロア理論と結び目の現代数学に現われる、上級の数学センスをさぐる7講義。

数学的に考える　リヒャルト・デデキント　渕野昌訳・解説

「数とは何かそして何であるべきか？」「連続性と無理数」の二論文を収録。現代の視点から数学の基礎付けを試みた充実の訳者解説を付す。新訳。

物理の歴史　キース・デブリン　冨永星訳

ビジネスにも有用な数学的思考法とは？　言葉を厳密に使い、量を用いて考えるといったポイントからことん丁寧に、分析的に考えるといった仕方を解説する。

物理の歴史　朝永振一郎編

湯川秀樹のノーベル賞受賞。その中間子論とは何なのだろう。日本の素粒子論を支えてきた第一線の学者たちによる平明な解説書。

代数的構造　遠山啓

群・環・体など代数の基本概念の構造を、構造主義の歴史をおりまぜつつ、卓抜な比喩とていねいな計算で確かめていく抽象代数学入門。（銀林浩）

現代数学入門　遠山啓

現代数学、恐るるに足らず！　学校数学より日常の感覚の中に集合や構造、関数や群、位相の考え方を探る大人のための入門書。（エッセイ　亀井哲治郎）

書名	著者	紹介
確率論入門	赤攝也	ラプラス流の古典確率論とボレル-コルモゴロフ流の現代的確率論。両者の関係性を意識しつつ、確率の基礎概念と数理を多数の例とともに丁寧に解説。
現代の初等幾何学	赤攝也	ユークリッドの平面幾何を公理的に再構成するには？ 現代数学の考え方に触れつつ、幾何学が持つ面白さも体感できるよう初学者への配慮溢れる一冊。
微積分入門	W・W・ソーヤー 小松勇作 訳	微積分の考え方は、日常生活のなかから自然に出てくるもの。∫や lim の記号を使わず、具体例に沿って説明した定評ある入門書。(瀬山士郎)
新式算術講義	高木貞治	算術は現代でいう数論。数の自明を疑わない明治の読者にその基礎を当時の最新学説で説く。『解析概論』の著者若き日の意欲作。(高瀬正仁)
数学の自由性	高木貞治	大数学者が軽妙洒脱に学生たちに数学を語る！ 年ぶりに復刊された人柄のにじむ幻の同名エッセイ集を含む文庫オリジナル。(高瀬正仁)
ガウスの数論	高瀬正仁	青年ガウスは目覚めとともに正十七角形の作図法を思いついた。初等幾何に露頭した数論の一端！ 創造の世界の不思議に迫る原典講読第2弾。
量子論の発展史	高林武彦	世界の研究者と交流した著者による量子理論史。その研究の核心をみごとに射抜く、理論探求の醍醐味を生き生きと伝える。新組。(江沢洋)
高橋秀俊の物理学講義	高橋秀俊 藤村靖	ロゲルギストを主宰した研究者の物理的センスとは。力について、示量変数と示強変数、ルジャンドル変換、変分原理などの汎論四〇講。(田崎晴明)
物理学入門	武谷三男	科学とはどんなものか。ギリシャの力学から惑星の運動解明まで、理論変革の跡をひも解いた科学論。三段階論で知られる著者の入門書。(上條隆志)

ちくま学芸文庫

数学的センス

二〇〇七年三月十日　第一刷発行
二〇一九年一月三十日　第六刷発行

著　者　野崎昭弘（のざき・あきひろ）
発行者　喜入冬子
発行所　株式会社　筑摩書房
　　　　東京都台東区蔵前二―五―三　〒一一一―八七五五
　　　　電話番号　〇三―五六八七―二六〇一（代表）
装幀者　安野光雅
印刷所　株式会社精興社
製本所　株式会社積信堂

乱丁・落丁本の場合は、送料小社負担でお取り替えいたします。
本書をコピー、スキャニング等の方法により無許諾で複製することは、法令に規定された場合を除いて禁止されています。請負業者等の第三者によるデジタル化は一切認められていませんので、ご注意ください。

Ⓒ AKIHIRO NOZAKI 2007　Printed in Japan
ISBN978-4-480-09056-0 C0141